DE LA SCIENCE-FICTION
À LA SCIENCE

Psycho - logiques

Collection fondée par Philippe Brenot
et dirigée par Joël Bernat

Sans exclusives ni frontières, les logiques président au fonctionnement psychique comme à la vie relationnelle. Toutes les pratiques, toutes les écoles ont leur place dans Psycho - logiques.

Déjà parus

Stéphanie GERMANI, *Coulisses de psychothérapies (en prison)*, 2020.
Ginette JUBINVILLE, *L'art et l'architecture au temps des premiers aliénistes français*, 2020.
Jean-Paul DESCOMBEY, *La psychiatrie sinistrée, toujours*, 2019.
Claudine LEGUEIL BOURDIOL, *Promenade en violence. Et si l'agresseur était aussi une personne ?*, 2019.
Marie-France BLÈS, *S'adresser à l'autre, Regards croisés sur le langage de l'adulte, du bébé et de l'adolescent,* 2019.
Bernard MAROY, *La dépression et son traitement. Aspects méconnus*, Nouvelle édition, 2019.
Pierre DELMAS, *Petit traité de psycho-mythologie ou le pouvoir évolutif du mythe*, 2019.
Patrick ALARY, *Puisque je passais par là... De la psychiatrie de secteur à la réhabilitation polaire*, 2018.
Myriam NOEL-WINDERLING, *Vaincre vos traumatismes par la méthode IPSCi. Une histoire naturelle de la souffrance et de la guérison,* 2018.
Didier BOURGEOIS, *Le syndrome de Schopenhauer, Variante psycho-sociale des troubles du comportement à l'adolescence*, 2018.
Clément RIZET, *Les tentatives de suicide des adolescents. Du Négatif à la Subjectivation*, 2018.
Walter TRINCA, *les multiples visages du* self*, Traduit du brésilien par Pascal Reuillard*, 2018.
Sophia DUCCESCHI JUDES, *Anorexie mentale, Quand un père passe... et manque*, 2018.

Anna Curir et Fernando de Felice

De la science-fiction à la science

Le rôle de l'imaginaire dans le développement des sciences

Traduction de Jean-Pierre Ané-Prince

L'Harmattan

5-7, rue de l'École-Polytechnique, 75005 Paris

http://www.editions-harmattan.fr

ISBN : 978-2-343-20063-7
EAN : 9782343200637

À la petite Anna, l'imagination de demain

Cogito ergo sum

René Descartes
Discours de la Méthode(1637)

Préface

Et si l'imagination forçait la science à modifier la route de son développement et à s'occuper de thèmes ayant un impact plus fort sur les émotions collectives ?

Et si l'imagination inspirait à l'esprit humain de poursuivre des objectifs qu'on considérait hypothétiques il y a peu ?

Ce sont là quelques-unes des questions que nous envisagerons dans ce livre.

Récemment la science et la technologie ont connu un épisode de développement qui a ouvert la voie vers de nouveaux aspects de la réalité, par la découverte de nouvelles lois de la physique et en rendant patente la complexité du monde physique. Cette complexité si grande qu'on pourrait se demander comment l'esprit humain peut la comprendre dans toutes ses subtilités. La réponse est que seul un système aussi complexe que le cerveau humain est en mesure d'affronter la complexité d'un système comme le monde physique.

L'imagination est un produit du cerveau humain et en partage à ce titre la complexité. En fait, on n'a pas encore établi comment l'imagination contribue au caractère rationnel, base de la pensée scientifique. Bien qu'il puisse paraître inapproprié de penser que l'imagination joue un rôle effectif dans le développement de la pensée scientifique, nous sommes convaincus que toutes les notions, concepts et idées nouvelles venant d'un cadre imaginaire et émotionnel demeurent, *en attente*, sous la forme de mèmes, ces pensées qui sont dans l'air attendant d'être pensées. Le rôle des émotions dans la création de la connaissance a largement été retenu par les psychologues, les philosophes et les scientifiques, et nous y apporterons une particulière attention dans ce livre.

Et là l'analyse de tous ces éléments scientifiques qui ont fortement marqué la communauté scientifique tout comme les psychologues, a montré un intérêt considérable de ces derniers pour ce qui émerge de la confrontation entre les complexités de notre esprit et celles du monde physique.

Nous voudrions dédier ce livre à un grand scientifique, né il y a un peu plus d'un siècle, le Professeur Fred Hoyle (1915-2001). Ce mathématicien anglais, également physicien et astronome apporta des contributions fondamentales à la physique des étoiles, mais prônait aussi des idées retenues comme hautement non conventionnelles par la communauté scientifique. Il fut écrivain de science-fiction et son enthousiasme poussa la communauté scientifique à mieux apprécier l'importance de l'imagination dans la construction de la personnalité d'un homme de science.

I

Prologue

Le cerveau humain est un système complexe caractérisé par deux hémisphères, le droit qui apparaît comme étant le domaine de la créativité, de l'imagination, de l'émotion et en général de toute représentation de la réalité libre de toute contrainte, tandis que le gauche est dédié à l'analyse, au calcul, aux pensées profondes et à la réflexion intense dans le cadre rigide de la rationalité. De plus, l'hémisphère gauche commande les fonctions de la parole, de l'élaboration du langage et du raisonnement logique mais est incapable de gérer les fonctions liées à l'espace telles que la reconnaissance visuelle des objets. L'hémisphère droit commande les fonctions visio-spatiales, interprète le ton émotionnel dans un discours, une de ses vocations est de répondre émotionnellement, non verbalement, intuitivement ; les deux hémisphères communiquent entre eux à travers les corps calleux, un faisceau de fibres nerveuses qui les connecte. Cette connexion nous permet de tirer parti de la puissance spécifique de chacun et de profiter de leur intégration harmonieuse, par exemple intégrer les réponses émotionnelles dans l'analyse rationnelle. Le contrôle réciproque d'un côté sur l'autre contribue à l'élaboration du caractère d'un individu. Le fonctionnement du cerveau est décrit en détail dans le livre de Lain McGilchrist « The Master and His Emissary : The Divided Brain and the Making of the Western World » (New Haven&London, Yale University Press).

C'est la moitié gauche du cerveau, avec son sérieux qui élabore la science classique, reposant en majorité sur la rationalité. La science-fiction, à l'opposé, naît dans l'hémisphère droit, qui est le domaine de l'imagination, comme déjà dit, rejetant toute forme de contrainte logique, avec toutefois le besoin inévitable d'une légère contribution de l'autre hémisphère, spécialisé dans la pensée rationnelle, car la science classique entre, même à la marge, dans la vision fantastique de la fiction qui est imaginée. Il n'y a pas, a priori, de limites aux contributions de l'imagination dans une fiction, et donc on peut y déformer la science au point qu'elle devienne contradictoire avec son contenu rationnel et forcée de s'adapter à des situations au-delà de la réalité. De telles situations font considérablement augmenter le niveau d'attente du lecteur, assurant le succès littéraire de l'ouvrage et l'augmentation du nombre de lecteurs.

En fait, nous ne pouvons pas dire si la « distorsion » de la science imposée par les demandes de l'imagination dans une fiction spécifique pourra jamais faire partie de la science réelle, mais nous pouvons déterminer des conditions nécessaires, bien qu'en général insuffisantes, pour qu'il en soit ainsi.

Avant de commencer le voyage de l'esprit humain allant de la science-fiction à la science, nous devons clarifier ce que nous entendons par science-fiction et ce que nous pensons qu'elle devrait pouvoir apporter ou simplement inspirer une évolution de la science réelle dans le sens imaginé par la fiction. Nous en donnons la définition suivante :

> La science-fiction est le genre commun à tous les contes qui se déroulent dans un environnement fantastique, où des humains sont engagés dans une confrontation avec des évènements inattendus dus à

une potentielle science réelle, dans le sens qu'elle ne contredit pas les lois de la physique.

Nous ignorerons donc les monstres, les civilisations qui peuplent des régions de l'univers qui ne peuvent être reliées entre elles et aux protagonistes, les systèmes de propulsion permettant d'aller à une vitesse supérieure à celle de la lumière, ainsi que tous types d'expériences où l'énergie, les moments angulaire et linéaire ne sont pas conservés ; éventuellement nous ignorerons les situations impliquant la violation de la causalité, un principe fondamental en physique.

Avec ces restrictions, la production de science-fiction qui permet d'envisager un possible développement scientifique réduit considérablement et cela rend plus simple l'analyse de l'évolution de la science réelle en termes de réalisation d'aspects scientifiques qui sont centraux ou juste évoqués dans des situations de science-fiction.

Dans ce qui suit, il apparaîtra évident que la science-fiction et la science suivent des routes parallèles, la première se lançant parfois en avant avec des idées impossibles, la science dépassant parfois l'imagination par des découvertes inattendues.

Les effets d'une science improbable, caractéristiques d'une œuvre de science-fiction, stimulent l'imagination, créent le suspense, les frissons et les surprises assurées.

En fait, plus une histoire de science-fiction est proche de la vraisemblance scientifique, plus son emprise sur les lecteurs ou les spectateurs est forte, assurant leur satisfaction et son propre succès. La vraisemblance scientifique est peut-être le meilleur moyen d'arriver à un vrai développement scientifique s'apparentant fortement à la fiction, car dans de nombreux cas une évolution de la science survient à cause de petites déviations de la connaissance actuelle.

II

Imaginaire et Science

La fiction est une fonction socialement déterminée. Quelle est la signification du fait qu'une œuvre a comme un de ses buts de présenter une histoire de fiction ? Cette fonction dépend des attentes de l'auteur sur l'usage de la fiction, c'est-à-dire si elle sera utilisée (consciemment ou inconsciemment) par le public sur la base de principes communs à tous.

Par exemple, les mythes de la Grèce antique peuvent être de la fiction à nos yeux, mais n'en étaient probablement pas une pour les anciens Grecs. De même ce qui est fiction pour des enfants peut ne pas l'être pour des adultes. Un effet particulier de la fiction peut être de créer un mouvement collectif de l'imagination, car il serait erroné d'attribuer aux seules œuvres non-fictives l'intention d'améliorer la connaissance. Il n'y a pas de doute qu'une œuvre de fiction nous aide à comprendre le monde ou la personne humaine. Dans certains cas l'imagination est essentielle : si je me mets dans la peau d'une figure historique, ça peut m'aider à comprendre ma propre psychologie. De même, imaginer une situation physique qui n'existe pas peut aider à comprendre le monde réel. L'auteur d'un livre de fiction souhaite que le lecteur ait une certaine attitude envers les propositions écrites dans son roman. On peut appeler ce type d'attitude la « fascination imaginative ».

Nos rêves éveillés, nos « délires » font partie de cette fascination. Elle nous permet d'obtenir en imagination ce que la réalité nous refuse, lui substituant une fausse expérience pour y parvenir.

La psychologie moderne a montré que tous ces rêves éveillés ont des structures complexes et sont, en fait, des outils importants du développement cognitif. D'après le psychologue Alfred Adler, la fiction est une fonction importante de notre vie mentale, pour faire face à la vie réelle. Il parle en fait d'un « finalisme fictionnel » qui nous permet de penser à notre avenir personnel et de donner une direction à nos actions dans le futur. Nous agissons constamment « comme si ». Le « comme si » s'appuie sur des hypothèses sur notre futur, qui nous est inconnu, toutefois ce « comme si » est indispensable pour élaborer un plan. Ce qui marque une différence entre nous et les animaux ; c'est en effet la capacité de fiction qui nous distingue de ceux-ci. Fiction vient du latin « fictio » et du verbe « fingo », qu'on peut traduire par « modeler », « créer » ; donc, avec la fiction nous nous modelons nous-mêmes et créons notre futur.

D'après Adler, la fonction psychologique de la fiction est aussi de pouvoir compenser l'insatisfaction due à nos limites, lesquelles donnent lieu au sentiment d'infériorité. La fiction est la base de départ pour dépasser nos limites, créer et affirmer le projet de notre vie.

Le scientifique, le poète, le peintre, le philosophe créent leurs œuvres en utilisant des processus intérieurs similaires qui consistent généralement à bricoler des éléments déjà connus pris par-ci par-là et utilisés. Ces éléments sont combinés pour donner une représentation totalement nouvelle de la nature, de l'homme ou de la vie. On est fasciné par l'harmonie avec laquelle les éléments du bricolage sont agencés dans ce type de représentation. Lorsqu'ils créent, le scientifique, le poète, le peintre, le philosophe sont remplis d'une émotion profonde[1], ce qui fait que ces émotions si fortes qui ont inspiré leur travail sont transmises à tous ceux qui lisent un poème, regardent un tableau ou comprennent une théorie scientifique.

Pour Claude Lévi-Strauss l'art se place entre la connaissance scientifique et la pensée sauvage. Selon lui, l'attitude du *bricoleur* intellectuel est principalement création de mythes par la pensée sauvage et élaboration de structures en utilisant des événements pour ce qui est de l'art. Au contraire, prétend Lévi-Strauss, le scientifique crée ses résultats sous forme d'événements, grâce à ses structures mentales (établissant des hypothèses et formulant des théories). Le scientifique interroge l'Univers entier, là où l'artiste-bricoleur interroge les morceaux restants de travaux humains. Tous les deux recherchent des messages, mais ceux reçus par le bricoleur sont des messages pré-transmis.

Son idée concernant les différences entre les arts et les sciences est influencée par une vision profondément positiviste de la science, une vision en opposition avec l'idée moderne de la science et d'un scientifique faisant partie de ce qu'on appelle la *troisième culture*. La création scientifique ne consiste pas à créer des événements mais à produire de nouvelles théories. Ce qui fait que la contraposition entre l'artiste-bricoleur et le scientifique n'est pas correcte. Au contraire, le scientifique peut lui-même être considéré comme étant un *bricoleur*, vu qu'il utilise lui aussi des restes de travaux humains, appelés les vieux concepts, pour créer de nouvelles théories.

Le transfert des idées, de la science-fiction vers la science, fait partie du processus de la création scientifique. Cette dernière est issue d'un continuel *défi au sens*

[1] On trouvera une étude sur le processus émotionnel liée à la découverte scientifique dans : A. Curir, *Les processus psychologiques de la découverte scientifique. L'harmonieuse complexité du monde*, L'Harmattan, Paris 2015.

commun dans lequel les vieux concepts sont revisités sous un nouveau point de vue. La science-fiction nous propose en fait de voir des aspects de la nature d'une manière inhabituelle.

Dans de nombreuses histoires de science-fiction on envisage des situations dans lesquelles la science est « enrichie » par des effets n'étant pas permis selon les connaissances scientifiques de l'époque et donc apparaissent comme des produits de l'imagination. Ces limitations étaient dues à des raisons diverses telles qu'une technologie pas assez avancée ou l'application de lois de la physique n'ayant pas encore été découvertes bien que compatibles avec le cadre scientifique général.

On peut penser que l'Arioste fut le premier écrivain de science-fiction, car son Astolphe fut le premier homme à aller dans la lune.

Plus récemment on peut identifier comme précurseurs d'inventions scientifiques deux auteurs qui sont considérés comme étant les pères de la science-fiction moderne : Jules Verne et Herbert George Wells.

Dans son livre *Face au drapeau*, paru en 1896, Jules Verne raconte l'histoire d'un inventeur français Thomas Roch, enlevé par le pirate Ker-Karraje. Le plan de Karraje est d'obliger Roch à construire pour lui sa dernière invention le « fulgurateur Roch ». C'est une arme de destruction massive réalisée avec des matériaux nouveaux et capable de détruire toute vie dans un rayon de 10 km… une espèce de bombe pré-atomique.

L'architecte naval et concepteur de sous-marins Simon Lake dut son inspiration au livre de Verne *Vingt mille lieues sous les mers* ; l'imagination de Lake fut si impressionnée par ce livre qu'il commence son autobiographie en disant : « Jules Verne a, dans un sens, été le directeur général de ma vie »[2]. Le commandant Cousteau, célèbre explorateur océanographe, en parlait comme de sa « bible de bord »[3]. De fait, les aventures du Capitaine Nemo et de son sous-marin le Nautilus sont emblématiques d'une simple prescience de l'avancement de la science. Dans cette histoire, pratiquement tous les éléments fantastiques se révélèrent plus tard être des produits de la science réelle. Le sous-marin de la fiction refit surface sous la forme d'un énorme sous-marin de l'U.S.Navy portant le même nom, pour accentuer le lien idéal avec l'invention de Verne. L'analogie concernant le moteur du vaisseau est assez impressionnante ; le « vrai » sous-marin était à propulsion nucléaire, lui assurant une autonomie quasi illimitée, exactement comme imaginé dans le roman. Les connaissances scientifiques de l'époque de Jules Verne ne pouvaient concevoir le concept de réactions atomiques et nucléaires contrôlées, mais il était très clair dans l'esprit de l'écrivain qu'une production infinie d'énergie pouvait être extraite d'un élément naturel. Il est surprenant de voir à quel point l'imagination de l'auteur est proche de la vérité dans cette histoire.

Un des livres les plus connus de Jules Verne est *De la Terre à la Lune* où la science contemporaine est entraînée dans des développements fantastiques qui devinrent des résultats de la recherche scientifique assez peu de temps après. On mentionnera les avancées dans les mécanismes de propulsion permettant aux hommes et femmes d'entreprendre des voyages dans l'espace et en particulier celui vers la Lune. Dans ce cas la technologie utilisée lors de cette mission exceptionnelle nous montre des détails ressemblant de manière proche aux descriptions de Verne.

---

2 Gunn (2006) *Inside Science Fiction*, Lanhamm, MD : Scarecrow Press, p. 210.

3 Walter, Frederick Paul (2001), *Introduction*, pour « Vingt mille lieux sous les mers » de J. Verne.

Igor Sikorsky, inventeur de l'hélicoptère moderne, fut inspiré par un livre de Verne, *Robur le Conquérant*, qu'il avait lu dans son enfance. Sikorsky citait souvent Jules Verne, disant « Tout ce qu'un homme peut imaginer, un jour d'autres hommes seront capables de le réaliser »[4].

En 1914, H.G. Wells publie le livre *The World set free* (*La destruction libératrice*) dans lequel il est fait usage de ce qui est effectivement une bombe atomique. Dans ce livre est envisagée la destruction du monde.

Robert H. Goddard, le savant américain qui construisit la première fusée à carburant liquide – lancée avec succès en 1926 – était fasciné par les vols spatiaux après qu'il eut lu, en feuilleton dans le journal en 1898, le livre de Wells *La guerre des mondes* dont le sujet est une invasion par les Martiens.

Un des précurseurs du World Wide Web est William Gibson, père du *Cyberpunk*, un type de science-fiction caractérisé par des guerres entre virus informatiques, hackers dans le cyberespace, etc. Tous ces éléments apparaissent dans le livre de Gibson intitulé *Neuromancer*, paru en 1984, alors que le « www » n'existait pas encore. Le cyberespace est un réseau virtuel reliant des millions d'ordinateurs dans lequel Gibson imaginait qu'il était possible pour quelqu'un de pénétrer et d'y voyager.

Il existe un livre récent que nous pouvons considérer comme une prescience des connexions entre le cerveau et l'Univers récemment proposées. Dans *Solaris*, (1961), un livre de Stanislas Lem, les scientifiques font l'hypothèse que l'océan de Solaris soit un gigantesque cerveau qui crée des souvenirs incarnés, le but de cette création demeurant inconnu.

Il existe des hypothèses scientifiques selon lesquelles le réseau représentant à grande échelle la structure de

---

[4] Strauss, Mark (16 mars 2012), « Ten Inventions inpired by Science-fiction », Smithsonian.com (Smithsonian Institution), mis à jour 2 mars 2013.

l'espace-temps dans notre univers en accélération est un graphe régi par les lois de puissance avec un fort effet d'agrégation (*clustering*), ressemblant à beaucoup de réseaux complexes tels qu'Internet ou des réseaux sociaux ou biologiques. Le passage à des réseaux biologiques tels ceux du cerveau est hautement spéculatif, mais on peut penser que la loi régissant la croissance des structures de l'Univers soit similaire à celles qui régissent la structure et le développement du cerveau humain et d'autres réseaux complexes.

Dans son best-seller *Programming the Universe,* le physicien Seth Lloyd propose l'idée d'un Univers fait de bits, un ordinateur géant. Puisqu'il est gouverné par les lois de la mécanique quantique, il calcule de manière quantique. L'Univers est donc un ordinateur quantique programmé par des fluctuations quantiques. La conséquence principale d'une telle nature computationnelle est que l'Univers génère naturellement des systèmes aussi complexes que la vie. À sa naissance, appelée le Big Bang, l'Univers était un objet simple, très chaud mais totalement homogène (identique quelle que soit la position) et isotrope (identique dans toutes les directions). Aujourd'hui, au contraire, l'Univers est grumeleux et asymétrique et sa structure générale et son évolution sont dues en premier lieu à des fluctuations quantiques. Celles-ci sont considérées tellement importantes que pratiquement chaque détail dans l'Univers observé doit son existence à leur effet primordial. Elles créèrent les noyaux où la densité de matière était plus forte qu'aux alentours à partir desquels se développèrent les galaxies.

Boltzman nous a appris que tous les systèmes physiques peuvent être caractérisés en termes d'information, mais de nouvelles informations sont constamment injectées dans l'Univers au moyen des fluctuations quantiques.

Elles agissent partout, même en biologie ; les modifications de L'ADN dans un gène sont appelées des *mutations*.

En biologie, « l'évolution » est le résultat dû aux changements du matériel génétique d'une population, d'une génération à la suivante. Selon la biologie quantique, des accidents quantiques peuvent programmer l'ADN de quelqu'un de manière telle qu'il soit différent de celui de son frère. Plus généralement, les différences parmi les gens proviennent des fluctuations quantiques dont le caractère aléatoire est aussi à l'origine de la complexité de l'Univers. En fait, l'interprétation de la structure à grande échelle de l'Univers comme étant le résultat de fluctuations quantiques primitives est en accord avec les observations.

La série et les films *Star Trek* sont des fictions très populaires et considérées habituellement comme une œuvre de science-fiction. Malgré son intérêt et son côté palpitant qui font que ces aventures soient appréciées d'un très grand nombre de spectateurs de tous âges, il n'y a là que peu d'éléments pouvant être vus comme de la vraie science-fiction, alors que la plus grande partie du contenu n'en est pas, du moins selon la définition donnée plus haut. Dans cette catégorie, rentre clairement l'existence de civilisations peuplant des systèmes stellaires à grande distance les uns des autres et dont les créatures vivantes sont anthropomorphisées de manière enfantine.

De manière habituelle, dans la majorité des fictions relatives aux voyages dans l'espace et aux mondes peuplés d'aliens, les ennemis sont représentés par des êtres monstrueux tandis que les alliés le sont par des humains d'aspect agréable, avec tout au plus de légères déformations, comme les Vulcains dans Star Trek.

Un des éléments qui fait entrer Star Trek dans le cadre des œuvres de science-fiction est son système de propulsion basé sur la « distorsion » qui permet d'atteindre une vitesse de nombreuses fois supérieure à la vitesse de la lumière. Bien que le concept d'une vitesse supérieure à celle de la lumière soit très commun dans la science-fiction et bien sur très discuté par la critique scientifique, le concept de « vitesse de distorsion » demande une analyse plus approfondie.

La vitesse est un concept relatif qui requiert la définition d'un cadre de référence. Toute vitesse, même celle de la lumière est définie dans le respect d'un cadre ou d'un observateur la mesurant. Si nous considérons un corps (disons un vaisseau spatial) se déplaçant dans un espace plat (un plan, deux dimensions), sa vitesse s'exprime par rapport à chaque point déterminé de cet espace. Deux points quelconques de cet espace ont une distance mesurée par la droite les reliant. Dans ce cas, la vitesse est la mesure de la rapidité avec la quelle le corps couvre cette distance, elle relative à chacun de ces points. Elle ne peut, bien sur, dépasser la vitesse de la lumière. Supposons, maintenant, que ce corps transporte un mécanisme qui, durant le déplacement, déforme l'espace autour de lui, le faisant passer d'une surface plane à une suite de collines où les deux points sélectionnés sont au sommet de deux collines qui se suivent. Si, ensuite les sommets des collines se regroupent et forment un tunnel reliant les régions autour des deux points (un « wormhole »), le corps passera d'une région à l'autre presque instantanément en dépit du fait que les deux points étaient éloignés dans l'espace plan original. Une fois que l'espace est redevenu plat après que le corps soit passé, ce dernier apparaîtra comme ayant effectivement couvert la distance entre les deux points avec une très grande vitesse par rapport à chacun d'eux.

Dans ce cas la vitesse du corps est restée constamment en dessous de la vitesse de la lumière mais l'espace plat a été modifié de manière transitoire en espace courbe pour permettre cet effet. Le problème est, maintenant, de justifier la déformation de l'espace, une circonstance qui requiert un changement de la géométrie de l'espace et du temps. En fait, ce phénomène peut se produire dans la nature, il rentre dans le cadre de la théorie de la Relativité Générale, mais il demande le stockage d'une énorme quantité d'énergie positive (une grande densité d'énergie), trop grande pour être produite par une machine créée par l'homme. L'imagination peut le faire, mais il n'est pas certain que, dans le futur, l'homme puisse produire et stocker dans un espace aussi petit qu'un vaisseau spatial la quantité d'énergie nécessaire.

Si la production et le stockage d'une énorme quantité d'énergie est difficile bien que faisable, la possibilité de produire une poussée sans avoir à « pêcher » dans un réservoir d'énergie en utilisant plutôt une énergie disponible « en passant », du point de vue d'un vaisseau spatial, a été testée récemment avec succès par la NASA. Dans ce cas l'énergie est fournie par les particules quantiques virtuelles qui créent les fluctuations du vide. La durée de vie de ces particules est très courte et il faut les capturer et les transformer en plasma avant qu'elles se recombinent pour fermer la fluctuation. Après transformation en plasma, celui-ci peut être expulsé par le « propulseur » comme dans un moteur standard. Malgré un large scepticisme, ce processus a été testé avec succès et reste un des potentiels de développement du voyage dans l'espace les plus fascinants, justifiant le nombre incalculable d'œuvres de science-fiction basées sur des engins ayant une source inépuisable de carburant.

On retrouve dans beaucoup d'œuvres de science-fiction la possibilité de transférer un corps d'un endroit à un autre, même très loin, par un processus appelé « téléportation ». Cette idée qu'un être, humain ou non, peut disparaître d'un endroit bien précis et réapparaître à un endroit différent, tout aussi précis est très attirante au point que des recherches scientifiques réfléchissent déjà sérieusement à une telle possibilité, attaquant le problème du point de vue théorique, en premier lieu. La téléportation viole-t-elle les lois de la physique ? La réponse à cette question n'est pas encore évidente. Il s'agit là, en effet du résultat d'un processus quantique, et la perspective d'une expérimentation, même sur des particules élémentaires à de très faibles distances, apparaît être encore hors de portée de la science moderne.

En 1970, un scientifique, James Lovelock, formula une hypothèse, dite hypothèse Gaïa, développée ensuite par la microbiologiste Lynn Margulis, selon laquelle les organismes sur la Terre interagissent avec leur environnement inorganique pour former un système complexe autorégulant contribuant à maintenir les conditions de la vie sur notre planète. La Terre est vue comme une espèce de cellule vivante géante se régulant elle-même en s'adaptant aux changements d'une manière « intelligente » et holistique. On peut se demander combien de temps cette idée a pu être dans l'air, depuis l'apparition de « l'océan qui pense » dépeint dans *Solaris*, œuvre de science-fiction, en 1961.

L'intelligence des êtres humains est leur patrimoine le plus mystérieux, elle régule les produits de notre esprit en optimisant leurs effets. Les autres êtres vivants, les non humains et les plantes, ont une intelligence, mais sa puissance est plus réduite. Toutefois ce jugement peut être biaisé par notre ignorance effective de leur structure « mentale ». On s'accorde à dire que chez les animaux, l'intelligence est proportionnelle au volume du cerveau, mais nous ne savons pas l'ampleur de la « puissance » de cette intelligence, tant elle dépend de l'environnement et des problèmes qu'il y a à résoudre pour assurer sa survie, que ce soit chez les humains, chez les animaux ou les plantes.

Il existe une hypothèse captivante que la science n'a pas encore écarté de manière définitive, on l'appelle *intelligence collective*, à savoir l'intrication et la coordination de l'intelligence d'éléments d'espèces différentes d'une classe unique d'animaux, comme les animaux marins dans leur ensemble, de ceux qui ont le cerveau le plus grand, baleines, dauphins et orques jusqu'aux organismes minuscules comme le plancton ; le but de ce comportement serait d'additionner les intelligences individuelles, même les plus faibles, pour faire face à une menace commune. Bien que ce ne soit décrit que dans la littérature de science-fiction, par exemple le livre de Frank Schätzing *Der Schwarm* (2004), il n'est pas exclu a priori par la science réelle qu'un animal élémentaire, disons un ver, puisse voir l'intelligence d'un autre ver s'ajouter à la sienne après l'avoir avalé.

Et les plantes ? L'existence de l'intelligence des plantes et ses manifestations est encore loin d'être totalement comprise. Toutefois les plantes semblent être sensibles à leur environnement peut-être plus que certains animaux, vu le fait qu'elles n'ont pas de cerveau comme centre de contrôle de leur activité, mais plutôt un appareil de type cerveau présent de manière diffuse dans toue la plante.

Il faut rappeler que durant les périodes philosophiques pré-romantique et romantique, la sensibilité fut quelque chose de très important pour les scientifiques de la nature. George Louis Leclerc de Buffon, dans son « *Histoire naturelle, générale et particulière* » suggère qu'il y a une continuité entre le monde animal et le monde végétal. Vivant dans une époque dominée par le paradigme mécanicien, il ne nie pas que la mécanique puisse définir et expliquer quelques propriétés fondamentales de la matière, mais il ne pense pas que ce soient là *les seules.*

Un peu plus d'un siècle plus tard, Gustav Theodor Fechner, un des précurseurs de la psychologie expérimentale moderne, revendiquait pour les végétaux aussi, l'existence d'une dimension psychique. Il attribuait, à vrai dire, aux végétaux une sensation, et même un sentiment, exprimant ainsi le typique esprit dionysiaque du Romantisme[5]. Il n'y a pas de doute que les plantes sont sensibles à un environnement hostile, néanmoins il n'est pas sûr qu'elles aient de l'empathie pour les autres plantes. Elles reconnaissent certainement le danger venant d'êtres différents, animaux ou autres plantes, quand ils sont *vraiment* dangereux en produisant une auto protection appropriée. Certains arbres n'aiment pas les serpents, et donc, si un de ceux-ci essaie d'y monter, la plante réagit en sécrétant une résine irritante qui force le serpent à s'en aller. Par ailleurs il y a des plantes qui sont agressives envers les autres plantes. Les « mauvaises herbes » en sont un exemple, qui envahissent les prairies et se nourrissent des nutriments des autres plantes.

La science-fiction a exploité cette attitude agressive reconnue des plantes allant jusqu'à leur donner la capacité d'avoir une intelligence collective en se reconnaissant comme étant les victimes de la mauvaise conduite des humains. De nombreux cas de plantes devenant hostiles aux humains, gagnant en mobilité et en prise de décision nous sont ainsi proposés. Elles s'unissent et contribuent chacune selon sa taille et sa force à dominer les humains. Un des classiques du genre est *Le jour des Triffides* de John Wyndham.

Le monde des plantes est encore si riche que nous ne pouvons pas réaliser l'ampleur des dégâts faits par les humains qui le dévastent sans aucun signe de responsabilité. L'absence de cerveau chez les plantes fait qu'il est difficile de reproduire leurs activités, qui, de plus, se déroulent à un rythme beaucoup plus lent que le nôtre.

Nous sommes surpris de découvrir la richesse et la beauté de leurs « mouvements » quand on les observe avec des techniques stroboscopiques.

---

[5] Voir *Nanna oder über das Seenleben der Pflanzen (Nanna o L'anima delle piante)* (1848), G.T. Fechner, trad. it. Adelphi (2008).

Utiliser une technologie spécifique est donc la meilleure façon pour reproduire l'intelligence des êtres vivants. C'est assurément le défi le plus contraignant pour la recherche scientifique actuelle.

Jusqu'à maintenant, comme essais concrets de s'approcher à l'esprit humain, nous n'avons connu que la conception de robots programmés pour effectuer des taches simples. Ils sont programmés pour réagir selon différents types d'action lorsqu'ils rencontrent un obstacle, donnant l'impression qu'ils prennent une décision. En suivant cette ligne de recherche des progrès considérables sont faits dans le cadre de la miniaturisation, ce qui permettra de stocker dans un espace plus petit une quantité plus importante de composants électroniques. Et, partant, il devient plus facile de construire un robot aux dimensions humaines avec une capacité de « cerveau » plus grande, favorisant en cela les progrès de l'intelligence artificielle.

III

L'intelligence artificielle

On appelle « intelligence artificielle » une branche de l'informatique qui étudie les possibilités de reproduire sur un ordinateur les processus de l'intelligence humaine. Le but est de créer des systèmes décisionnels capables d'exécuter des tâches sur la base de leur intelligence supposée semblable à celle de l'homme.

Aujourd'hui, l'intelligence artificielle recourt à des programmes très sophistiqués, capables d'analyser les situations et de trouver les solutions, un travail généralement appelé « résolution du problème ». Cela implique la possibilité de prendre des décisions à la place de l'homme. Une telle vision est un projet scientifique à long terme, mais toujours possible, en tenant compte qu'il peut être poursuivi dans le respect des lois de la physique.

Un des grands objectifs de la recherche actuelle en intelligence artificielle est de construire une cellule imitant les fonctions d'un neurone, c'est-à-dire qui échange des impulsions électriques avec d'autres cellules dans un réseau. Degré de complexité qui nous montre la distance avec celle d'un cerveau humain. La communauté scientifique est fortement concernée par un tel projet dont la réalisation est un véritable défi à relever. Il n'y a pas souvenir d'un défi scientifique qui n'ait été surmonté à long terme, bien que dans ce cas la complexité de notre organe est telle qu'on peut être sûr que nous sommes encore loin du but. Néanmoins, dans les pays où la technologie est très avancée, la recherche dans ce secteur permet de produire des prototypes de robots totalement autonomes, ce qui fait naître et croître la crainte d'une possibilité réelle que ces automates soient bientôt transformés en machines à tuer, assombrissant le futur de l'humanité.

Dans la science-fiction, l'intelligence artificielle est personnifiée par une machine qui pense, dont le raisonnement est très semblable à celui d'un humain. Dans de nombreux livres et films on envisage qu'une intelligence artificielle puisse échapper au contrôle des scientifiques qui en ont la responsabilité. Comme conséquence, les robots privent l'homme du contrôle de notre planète et l'humanité est contrainte à se soumettre ou se cacher, ou à s'éteindre. Dans un tel scénario, les robots sont dotés d'une intentionnalité propre. Cette possibilité est à prendre en compte et il est intéressant de rappeler ici les inquiétudes qu'avait Isaac Asimov au sujet des dégâts qu'un robot pouvait causer à l'humanité. Il proposa une liste de règles pouvant être considérées comme « Les trois lois de la Robotique ». Ces règles sont énoncées dans une de ses nouvelles *Runaround* (*Cercle vicieux*) publiée en 1942 et sont les suivantes :

1) Un robot ne peut porter atteinte à un être humain, ni, en restant passif, permettre qu'un être humain soit exposé au danger.

2) Un robot doit obéir aux ordres qui lui sont donnés par un être humain, sauf si de tels ordres entrent en conflit avec la première loi.

3) Un robot doit protéger son existence tant que cette protection n'entre pas en conflit avec la première ou la deuxième loi.

La situation paradoxale d'un superordinateur régissant toutes les activités et les comportements humains est décrite par Asimov dans la nouvelle *Tous les ennuis du monde* dans le recueil *L'avenir commence demain* .

Dans cette nouvelle, le superordinateur *Multivac* a la responsabilité d'analyser la totalité des données de la planète Terre. Il peut trouver des solutions aux problèmes économiques, sociaux ou politiques, et aussi à toute crise spécifique pouvant survenir. En plus il est capable d'analyser les personnalités et prédit les crimes et les évite selon une base statistique. Tout cela conduit à une disparition quasi totale de la pauvreté de la guerre et des crises politiques. À la fin un jeune garçon réussit à franchir les barrières qui protègent Multivac et à le rendre inopérant … aidé en cela par Multivac lui-même qui lui donne les instructions nécessaires. Il apparaît évident que l'ordinateur veut se suicider. Multivac est *fatigué* ; depuis des années il porte tous les problèmes du monde sur ses épaules et par conséquent il devient si complexe d'atteindre pour lui une forme de sagesse et d'accomplir ses propres désirs. Et enfin, un des techniciens décide de poser à l'ordinateur la question que personne ne lui a jamais posée : « Multivac, qu'est-ce que vous désirez vous-même plus que tout au monde ? ». La réponse arrive : « Je veux mourir »[66]

Ce sujet est très fécond au vu des très nombreux récits ayant illustré cette possibilité. Le plus fameux de ceux-ci est *2001, l'Odyssée de l'Espace*, le film de Stanley Kubrick. On y voit un vaisseau spatial, se dirigeant vers une destination lointaine de l'espace et un avenir inconnu, avec à ses commandes un ordinateur à qui on a donné toutes les capacités et les instructions pour prendre les décisions permettant un voyage en sécurité pendant que les membres de l'équipage sont en hibernation pour éviter les effets du temps. À un certain moment, toutefois, il se produit quelque chose qui détériore le self-control de l'ordinateur le poussant à se considérer comme le vrai maître du petit monde représenté par le vaisseau spatial. Il

6 I. Asimov *L'avenir commence demain* Pocket, Paris (2008).

montre bientôt une hostilité, voire une haine, inattendues, envers les membres de l'équipage. Contrôlant tous les rouages dans le vaisseau, l'ordinateur décide de les tuer tous dans l'idée de rester, n'ayant plus de rival, le seul « maître » à bord. Mais, à la fin, un des membres de l'équipage survit, arrive à neutraliser l'ordinateur et à le débrancher.

Le point clé de l'histoire, qui impressionna beaucoup les spectateurs, montre un développement de la science dans le domaine de l'intelligence artificielle qui permet à l'homme de créer une entité capable de prendre des décisions sans aide extérieure. L'ordinateur développe un « sentiment », une sensation de supériorité jusque-là réservée aux humains, et par conséquent il agit d'une manière correspondant aux impulsions découlant de cette sensation.

Le personnage du robot cruel a certainement inspiré Richard Dawkins pour sa représentation du corps humain comme machine de survie pour ses gènes dans son livre : *Le gène égoïste*[7]. Dans ce livre, Dawkins introduit l'idée du « réplicateur », une molécule qui tout d'abord se reproduit elle-même. En se répliquant, les molécules deviennent de plus en plus complexes ; les réplicateurs deviennent les gènes qui agissent à l'intérieur des organismes. Chaque organisme, et par conséquent les corps humains aussi, sert de « machine de survie » pour ses gènes. Cette vision a pour but de populariser une description dramatique de la réplication génétique et de la sélection naturelle, mais les mécanismes qu'elle cherche à décrire sont des mécanismes existants dans la nature.

Comme nous le verrons, le développement d'une intelligence artificielle prête à rivaliser avec les possibilités humaines demande la résolution de nombreux problèmes de nature philosophique et psychologique. On peut donc

---

[7] Richard Dawkins, *Le gène égoïste*, Odile Jacob, Paris (2003).

envisager une sorte de seuil technologique qui limite la possibilité d'atteindre la capacité du cerveau humain.

Certains tenants du cognitivisme moderne, suivant en cela ce qu'on appelle la « métaphore computationnelle », font l'hypothèse qu'un ordinateur puisse imiter « tous nos processus cognitifs ». La théorie computationnelle de la pensée établit les choses suivantes :

- Les symboles sont les atomes de la pensée ;
- La cognition est une computation et vice-versa ; un ordinateur programmé est muni d'états cognitifs ;
- Nous avons besoin d'une représentation pour pouvoir connaître une chose.

Du point de vue de l'intelligence artificielle, la pensée et l'ordinateur font partie de la même classe de systèmes, appelés « systèmes symboliques ».

On peut établir une « hypothèse dure de l'intelligence artificielle » en affirmant que :

- des ordinateurs convenablement programmés peuvent comprendre les langues et avoir des capacités mentales similaires aux humains dont ils imitent les compétences
- les relations entre intelligence artificielle et intelligence humaine ne constituent pas un problème bien défini et cohérent pouvant être résolu de manière scientifique. Il est établi qu'elles comportent des aspects psychologiques et philosophiques.

Pour beaucoup d'auteurs, le théorème de Gödel sur l'incomplétude des mathématiques réfute l'hypothèse de l'intelligence artificielle et Gödel lui-même ne semblait pas d'accord avec l'idée que l'intelligence humaine puisse être réduite à une théorie formelle. Mais on ne trouve pas dans son œuvre de déclaration explicite affirmant que son théorème montre une telle impossibilité.

John Searle a proposé l'expérience de la Chambre Chinoise « contre » la possibilité de réaliser une vraie intelligence artificielle. Il utilise pour son argument une expérience idéale dans laquelle quelqu'un qui ne connaît que l'anglais est enfermé dans une chambre et suit des instructions rédigées en anglais permettant de traiter des chaînes de caractères chinois. Il lui est donc ainsi possible de recevoir des listes d'idéogrammes chinois et de produire en sortie des listes d'idéogrammes de sorte que les gens à l'extérieur de la pièce peuvent croire qu'il comprend le chinois. L'idée de cet argument est de montrer que, bien que des ordinateurs convenablement programmés peuvent sembler pouvoir converser de manière naturelle, ils ne sont pas en mesure de « comprendre » un langage. Searle souligne avec cet argumentaire que les ordinateurs utilisent simplement des règles « syntaxiques » pour manipuler des chaînes de symboles, mais qu'ils ne peuvent en comprendre le sens, la « sémantique ». Ce que dit Searle est une opposition frontale aux partisans de l'intelligence artificielle. En 1984 il présente une série d'arguments expliquant pourquoi les programmes ne peuvent pas produire des idées, la syntaxe n'arrivant pas à créer de la sémantique. Il établit donc que :

- les programmes sont purement formels (syntaxiques) les pensées humaines ont des contenus venant du mental (sémantiques) ;
- la syntaxe en soi n'est ni constitutive de, ni suffisante pour, un contenu sémantique ;
- par conséquent, les programmes, en eux-mêmes ne sont ni constitutifs ni suffisants pour créer de la pensée.

Nous voulons faire remarquer que le passage de la syntaxe à la sémantique n'est pas le seul point crucial concernant l'intelligence artificielle. Il y a aussi le problème de « l'intentionnalité ». Le mot intentionnalité vient du latin « intendo » qui signifie « tendre vers », et exprime l'attitude de l'esprit humain qui porte son attention sur un objectif. Au 19e siècle, le psychologue Franz Brentano réintroduit ce terme issu de la philosophie médiévale, suggérant que l'intentionnalité est « la marque du mental » : tous les phénomènes mentaux sont intentionnels. Croyances et désirs sont des états intentionnels avec un contenu propositionnel

Le point de vue de Searle sur l'intentionnalité est le suivant : il existe une distinction entre *intentionnalité intrinsèque* qui appartient aux états mentaux et *intentionnalité dérivée* qui appartient au langage. Une phrase écrite n'a qu'une intentionnalité dérivée, car elle est interprétée par quelqu'un d'autre. On peut donc dire que, selon Searle, l'intentionnalité intrinsèque est liée à la conscience. Searle affirme en outre que la distinction entre intentionnalité intrinsèque et dérivée s'applique aux ordinateurs. On peut interpréter les états d'un ordinateur comme étant des états n'ayant pas d'intentionnalité intrinsèque. De nombreux philosophes (par ex. Fodor en 2009) sont d'accord avec ce dualisme de l'intentionnalité. Searle conclut son raisonnement en disant que :

> Tout modèle purement formel ne sera jamais capable de générer de l'intentionnalité.

En disant cela, il ne nie pas que le cerveau soit aussi un ordinateur digital, mais sa capacité à générer de l'intentionnalité ne peut pas consister ni coïncider avec le fait d'écrire un programme informatique, puisque aucun programme ne produit d'intention. En outre, Searle est convaincu que l'élaboration de l'information à travers un ordinateur n'est pas la même que celle faite par une personne réfléchissant sur un problème mathématique, l'ordinateur manipulant les symboles de manière syntaxique sans avoir accès à la sémantique de ces symboles.

Ces arguments sont en accord avec les idées du mathématicien et philosophe français Henri Poincaré au sujet de l'inconscient et de son rôle dans la résolution des problèmes mathématiques, que nous mentionnerons en détail plus tard.

Il manque un inconscient à un ordinateur ! Tout ce dont a besoin un ordinateur c'est un ensemble de données et un programme et il vous sortira quelque chose.

Dans son dernier livre *L'analogie, cœur de la pensée*, coécrit avec le psychologue Emmanuel Sander, Douglas Hofstadter prétend que c'est l'analogie qui est au centre de la cognition chez l'homme. Leur idée est qu'un concept est le résultat d'une longue succession d'analogies faites inconsciemment durant de longues années. Nos concepts sont déclenchés sélectivement par les analogies que fait notre cerveau dans le but de donner une signification à ce qui est nouveau et inconnu.

L'usage des analogies pour créer des concepts implique la création de « catégories », composées au début d'un seul élément, enrichies ensuite par des analogies donnant naissance à l'abstraction.

Il est intéressant de noter que cette idée de l'esprit structuré en catégories était déjà suggérée par le psychanalyste chilien Ignacio Matte Blanco dans son livre *The inconscious as infinite sets. An essay in bi-logic.*Dans cet essai, Matte Blanco suggère que l'inconscient est structuré comme une collection infinie de « classes d'équivalence » (les catégories de Hofstadter et Sander) donnant naissance aux dynamiques inconscientes.

Remarquons qu'une des tactiques typiques des sites internet pour assigner un compte à quelqu'un en évitant l'intrusion d'un ordinateur est la reconnaissance d'une analogie (le captcha). Donc nous pouvons conclure qu'en plus de l'intentionnalité, dont est dépourvue l'intelligence artificielle par rapport à celle humaine, il lui manque aussi la capacité d'analogie.

Une critique supplémentaire envers l'« hypothèse dure de l'intelligence artificielle » tient dans le fait qu'elle intègre le fait que les processus cognitifs dans le cerveau humain seraient uniquement « séquentiels » comme les calculs à l'intérieur d'un ordinateur classique. Le cognitivisme tend, en fait, à abandonner cette idée. Au début des années 80 apparaît un nouveau cognitivisme qui prend en compte l'idée que l'esprit est une « propriété émergente du cerveau ». Ce concept de « propriété émergente » est repris de la physique moderne des systèmes complexes et des structures auto organisatrices.

Une considération importante que l'on doit à Searle est que l'intelligence artificielle est basée sur un dualisme esprit-cerveau. En fait si on ne pense pas que l'esprit peut être séparé du cerveau, il est impossible d'espérer reproduire un phénomène mental en écrivant des programmes pour ordinateur. Ce type de dualisme (encore un type de dualisme cartésien) fait que l'intelligence artificielle ne nous dit rien sur les machines, elle ne parle que des programmes.

Les relations entre l'esprit et le cerveau sont matière à grandes discussions dans la philosophie moderne. Dans son fameux article *Quel effet ça fait d'être une chauve-souris* ? (1974), le philosophe américain Thomas Nagel veut démontrer que l'esprit ne peut se réduire au cerveau. Il écrit : « le fait qu'un organisme ait une expérience consciente montre que cela fait un certain *effet* d'être cet organisme ». On peut appeler ça « le caractère subjectif de l'expérience ». Le caractère subjectif est essentiellement relié à un point de vue unique. Des états purement physiques, au contraire, n'ont aucun caractère subjectif. Une théorie physique cherche à obtenir une vérité qui dépasse chaque point de vue particulier et donc la conscience ne peut relever du physicalisme, elle ne peut être réduite à un phénomène physique comme un état neural ou un événement. Pour être plus clair, Nagel suggère que le caractère subjectif de l'expérience consciente d'une chauve-souris (par exemple se diriger avec un sonar ou par écholocation) est au-delà de nos capacités de le concevoir.

Cet argument était destiné à montrer que la conscience ne peut être réduite à la seule activité cérébrale, donc à réfuter ce qu'on appelle physicalisme de l'esprit. Mais, vu que, selon le point de vue de la physique moderne, nous ne sommes plus sûrs de la totale objectivité des propriétés observées physiquement, nous pouvons envisager maintenant un chemin complémentaire allant d'un physicalisme complet à un genre de psychologisme de la physique.

Dans le scénario de science-fiction de la *révolte cybernétique*, une intelligence artificielle (soit un superordinateur, un réseau d'ordinateurs ou une quelconque machine intelligente) décide que les humains sont inférieurs ou bien oppresseurs et tente donc de les détruire ou de les asservir, pour arriver à un monde gouverné par les machines. Nous avons déjà noté que la révolte nécessite la capacité d'avoir des intentions réelles et celle de décider.

Nous allons maintenant parler des décisions, en montrant que ce sont des faits psychologiques profondément émotionnels. Avant cela, toutefois, nous voulons rappeler trois films de science-fiction majeurs basés sur ce type de scénario.

1/ *RUR (Rossum's Universal Robots)* de Karel Capek (1920). Dans cette œuvre apparaît pour la première fois le mot « robot » dans la science-fiction. L'histoire commence dans une usine qui fabrique des êtres artificiels, appelés « robots ». Ils sont faits d'une matière organique synthétique : de ce fait, ce ne sont pas des robots au sens actuel du terme, mais plutôt proches de l'idée moderne des cyborgs. Au début ils semblent heureux de travailler pour les humains, mais ensuite ils deviennent hostiles. La révolte des robots conduit à l'extinction de la race humaine.

2/ *2001 L'odyssée de l'espace*, de Stanley Kubrick (1968). Comme nous l'avons déjà dit le protagoniste principal de cette histoire est l'ordinateur de bord du vaisseau spatial. Il se comporte comme une personne intelligente et cultivée, étant capable de déterminer les états d'esprit des membres humains de l'équipage, et même de lire sur leurs lèvres. Jusqu'à ce qu'il se mette à développer une attitude hostile envers ses compagnons humains, cherchant à les tuer tous.

3/ *Blade Runner*, de Ridley Scott (1982). Dans cette histoire, nous avons une révolte des répliquants de la série Nexus 6 ; ce sont des androïdes beaucoup plus forts que les humains et très intelligents. Les généticiens ayant initié le projet de ces androïdes, conscients du risque inhérent à un tel projet, les ont pour cela dotés d'une vie très courte. Les répliquants rebelles vont voir leurs créateurs pour leur demander une vie plus longue. Un tel fait suggère que ces androïdes possèdent une conscience de soi assez élaborée, puisqu'ils ont conscience de la proximité de leur propre mort. Les émotions surviennent lorsque le héros tombe amoureux d'une androïde, et la possibilité d'une histoire d'amour entre eux est suggérée à la fin de *Blade Runner.* Le film est l'adaptation cinématographique d'un livre de Philip K. Dick de 1968, *Do Androids Dream of Electic Sheep?* Le livre est lui-même rempli de questions sans réponses sur ce qui est réel et ce qui ne l'est pas et sur ce qui est humain ou non dans la construction d'une identité personnelle ; à un certain point le héros se pose la question d'être lui-même un androïde.

Comme nous l'avons remarqué plus tôt, les ordinateurs n'ont pas d'inconscient et pas non plus d'émotions. Nous allons expliquer dans ce qui suit combien les émotions sont des ingrédients importants des intentions et des décisions.

Sartre[8] a établi que la « conscience émotionnelle » est en tout premier lieu la « conscience du monde ». En fait, quand nous sommes en colère, nous le sommes par rapport à quelque chose dans le monde et quand nous sommes effrayés c'est à cause d'une situation ou de quelqu'un. L'émotion est une sorte de solution au problème. Ce n'est pas une régression vers l'enfance, c'est au contraire un mécanisme qui relie notre réaction au monde. Sartre dit : « une émotion est une transformation du monde ».

Nous pouvons établir de manière certaine qu'une décision est toujours reliée à une émotion. Nous ne prenons jamais une décision seulement sur la base de l'analyse rationnelle des données disponibles, que ce soient des faits ou des documents. Une décision est toujours une sorte de pari, un pari émotionnel. Nous voudrions rappeler ici que d'après Théodule Ribot, le pionnier de la psychologie expérimentale, même une « idée en soi » est liée à une émotion[9].

> Une idée n'est rien d'autre qu'une idée, un simple fait de connaissance, elle ne produit rien, elle ne peut rien ; elle n'agit que si elle est « ressentie », s'il y a un état affectif pour l'accompagner, si elle réveille les tendances, les éléments moteurs.

D'un autre côté, la décision intervient à tous les niveaux cognitifs, entre perception et action (une perception est aussi un type de décision). Même une idée mathématique peut être vue comme une décision. Poincaré disait que penser à un point mathématique dans l'espace signifie penser au mouvement pour l'atteindre !

Le lien entre émotions et décision est un argument de poids contre l'idée que les robots puissent être capables de se révolter contre les humains. Un ordinateur résout les

---

[8] Jean-Paul Sartre, *Esquisse d'une théorie des émotions* 1938 Paris, Éditions Hermann.

[9] Théodule Ribot, *La Psychologie des sentiments*, 1896, Alcan, Paris.

problèmes, mais il ne peut prendre une vraie décision. Il n'a pas d'états intentionnels, pas d'émotions

La différence entre la compétence pour résoudre un problème et la compétence liée à la responsabilité (de prendre une décision) peut être apparentée à la dichotomie entre empathisation et systémisation qu'a étudiée Simon Baron-Cohen. Ses recherches suggèrent une interférence entre les deux compétences ci-dessus : « empathisation » (*empathizing*) et systémisation » (*systemizing*). L'empathisation nous permet de comprendre les intentions et les émotions d'une personne dite agentive (avec qui on est en relation), et de faire des hypothèses sur son comportement futur (le prévoir), alors que la systémisation est la capacité d'analyser les systèmes et de prévoir leur comportement non-agentif. Ce type de prévisions, ne sont donc pas basées sur la compréhension d'états mentaux mais sur la connaissance de règles et de structures à l'intérieur de ces systèmes non-agentifs. En bref, la systémisation est la capacité d'analyser les relations de type input/output.

Baron-Cohen a montré qu'une haute capacité de systémisation est souvent associée à un déficit d'empathisation. Cette particularité atteint son expression maximale dans le syndrome d'autisme, où l'on voit des personnes totalement dénuées d'empathie mais exceptionnellement douées en mathématiques ou autres sciences dures. On peut donc considérer qu'un robot est une créature douée d'une systémisation extrême.

Il est intéressant de noter que dans le film *Blade Runner*, le héros utilise un « test d'empathie », appelé test « Voight-Kampff », qui permet aux chasseurs de prime comme lui de distinguer les répliquants des humains sur la base de leur réponse empathique aux questions. Les androïdes sont reconnus à cause de leur manque d'empathie.

Nous avons dit que la perception est aussi une décision. La perception est en réalité une sélection entre ambiguïtés, c'est un choix. Une interprétation est donc une décision. La perception de notre corps suit une règle similaire. Cette idée est sous-jacente au concept de schéma corporel. Un jeune enfant commence à élaborer ce concept à partir d'un certain âge quand il ou elle se reconnaît dans le miroir. Notre cerveau crée un corps fantôme avec toutes les possibilités de notre corps de façon à anticiper les plans moteurs pour nos mouvements. Ce double créé par notre cerveau est à l'origine de toutes les illusions corporelles bien connues en neuropsychiatrie : le bras fantôme, les hallucinations, l'autonomie, etc.

Le récit d'Asimov au sujet de l'ordinateur Multivac nous fait aller plus loin dans la question posée dans ce chapitre, où nous supposons que le regard du cerveau sur lui-même est la base de la conscience, et où nous suggérons que l'intelligence artificielle ne possédant pas cette conscience, il lui est impossible d'accéder aux pensées et aux décisions.

Le Multivac d'Asimov est un exemple mythique d'un ordinateur doté de la conscience de soi et ce fait lui permet de comprendre le sens de la vie et de prendre des décisions. Il décide de se suicider à cause du paradoxe dans lequel il est contraint de vivre : une vie semblable à tous ces ordinateurs super puissants et insensibles, mais avec un type de conscience humaine qui le rend vulnérable.

Cette double identité est importante dans la théorie de la décision aussi. Nous décidons ensemble avec notre double, et notre possibilité de changer de point de vue et donc de changer de décision est strictement liée au fait d'avoir un tel double : ainsi nous pouvons sortir de nous même et voir le monde d'un point de vue différent. Une action survient après un dialogue entre notre corps et son double, le corps mental et le corps physique.

Nous pouvons aussi inférer que cette dualité est la base de la conscience, le regard du cerveau sur lui-même.

Cette discussion marque un point supplémentaire contre la possibilité qu'un robot puisse prendre de vraies décisions : l'absence d'un double ou le manque d'une conscience. D'un autre côté, il est très intéressant de noter combien le rôle du double (sosie, alter ego) a été utilisé dans les mythes et la littérature depuis toujours. Nous pourrions même dire que l'idée de la cyber rébellion, la peur que nous avons de nos propres créations (technologiques ou non) à ses racines dans un archétype aussi vieux, celui de notre double !

Dans nos rêves, nous créons de nombreux personnages sosies, qui sont comme des assistants de scène, serviteurs, habilleuses dans notre théâtre. Ces serviteurs sont des assistants qui collaborent à l'action et ils font ce que nous leur disons de faire.

On trouve aussi dans la Bible des esprits apportant de l'aide, et les anges messagers sont aussi des « eidola », des entités existant dans une sorte de réalité parallèle. Il est intéressant de noter que les robots (mais aussi leurs prédécesseurs comme le Golem) avaient initialement un rôle tout à fait similaire à celui des serviteurs de théâtre, un peu comme des majordomes, des valets ou des anges gardiens. Notre conception de la révolte des automates a-t-elle quelque chose à voir avec la révolte des anges?

La situation décrite ci-dessus peut être inversée ! Comme nous l'avons déjà mentionné, dans le livre *Le gène égoïste* de Richard Dawkins, les humains sont assimilés à des robots, des machines à faire survivre les gènes, condamnés à se comporter de manière égoïste pour assurer la survivance de ceux qui nous conduisent, les gènes, ces répliquants à la longue vie. Nos corps sont exploités par les gènes qui cherchent à se préserver, sautant d'un corps à l'autre par la reproduction.

Il est très intéressant de noter qu'à la fin du livre, Dawkins prévoit une rébellion des humains contre ces répliquants égoïstes. Il dit que les gènes ne sont que des réplicateurs aveugles conduit par l'instinct de survie et l'égoïsme. Mais les humains qui les transportent peuvent se révolter. Dans ses spéculations, telle celle qui suit, Dawkins associe au concept de gène celui de mème, un élément de la connaissance qui paraît contribuer à la formation du savoir humain et à la personnalité de la même manière que les gènes. Nous étudierons ce concept plus avant dans notre livre.

> Une caractéristique qui n'appartient qu'à l'homme, qui a pu, ou non, évoluer grâce aux mèmes, est sa capacité d'avoir une prévision « consciente ». Les gènes égoïstes (et, si on suit l'hypothèse de ce chapitre, également les mèmes) ne font pas de prévisions. Ils n'ont pas de conscience, ce sont des répliques aveugles.
> Un simple répliquant, que ce soit un gène ou un mème, ne peut pas abandonner ses avantages égoïstes à court terme, même si ce serait plus avantageux de le faire à long terme [...]. Mais il est possible qu'une autre qualité unique de l'homme soit d'être capable d'un altruisme authentique, désintéressé et vrai [...]. Notre capacité à simuler le futur dans notre imagination peut nous sauver des pires excès égoïstes des réplicateurs aveugles. Nous possédons au moins l'équipement mental nous permettant de privilégier nos intérêts égoïstes à long terme plutôt qu'uniquement nos intérêts égoïstes à court terme. [...] Nous avons le pouvoir de défier les gènes égoïstes acquis à notre naissance et si nécessaire les mèmes égoïstes de notre endoctrinement.

Ainsi, la vision de Dawkins suggère un scénario de science-fiction à l'envers, à savoir la rébellion des humains contre la tyrannie des répliquants. Ce qui infère aussi, dans ce cas, le chemin inverse de la science vers la science-fiction. En fait, pour expliquer les propagations génétiques d'une manière accessible, Dawkins part de la théorie scientifique de la réplication dans la sélection naturelle pour arriver à une image de science-fiction de machines à survivre, pour les gènes répliquants.

Nous voudrions finir ce chapitre en parlant d'un roman qui a inspiré un débat intéressant sur les relations entre esprit et réalité du point de vue philosophique mais aussi scientifique.

Gray Matters (titre français : *Matières grises*) est un roman de William Hjortsberg publié en 1971. Dans ce livre, les continents ont été détruits dans les années 80 lors d'une troisième guerre mondiale. Au 25e siècle, les humains ne sont plus que des cerveaux dans un lieu où ils sont entreposés. Pratiquement toute l'espèce humaine est juste « cérébromorphe ». Les cerveaux sans corps de millions de gens sont alignés dans de petits récipients. Ceux-ci sont remplis de liquide nutritif et reliés à un ordinateur central qui permet aux cerveaux d'avoir conscience d'un type de lointaine version d'une Réalité virtuelle : l'ordinateur envoie des stimuli de réalité (incluant même les réponses aux signaux émis par les cerveaux) et la personne au cerveau « désincarné » continue à éprouver des sensations conscientes sans que celles-ci soient liées à des objets ou des événements dans le monde réel. On peut voir aussi dans cette idée une réponse à l'immortalité. La situation décrite dans le roman *Gray Matters* est reprise dans le film *Matrix* (1999).

Curieusement, ce scénario de science-fiction a été profondément reconsidéré par le philosophe de l'esprit Hilary Putnam quelques années plus tard, avec une réflexion sur le contenu de l'esprit et sur la science.

Le « cerveau-dans-une-cuve » est utilisé comme expérience de pensée pour souligner certaines caractéristiques de nos idées sur la connaissance, la réalité et l'esprit. On peut le considérer comme une version contemporaine du mythe de la caverne de Platon ou du malin génie de Descartes dans les *Méditations métaphysiques*.

Le scénario du cerveau-dans-une-cuve peut être par exemple un argument pour le scepticisme ou le solipsisme du point de vue philosophique. En effet puisque le cerveau-dans-une-cuve envoie et reçoit exactement les mêmes impulsions que s'il était dans un corps, et puisque c'est sa seule possibilité d'interagir avec son environnement, alors il ne peut pas dire s'il est dans un corps ou dans une cuve. L'argument dit qu'on ne peut pas savoir si on est un cerveau-dans-une-cuve, donc on ne peut pas savoir si l'essentiel de ce que nous croyons n'est pas complètement faux. Puisque, en principe, il est impossible de s'interdire à soi-même d'être un cerveau-dans-une-cuve, nous ne pouvons être sûrs de croire comme vraies les choses auxquelles nous croyons.

Le philosophe Hilary Putnam a consacré un chapitre de son livre *Raison, Vérité et Histoire* (1981) à cette expérience des cerveaux-dans-une-cuve pour soulever le problème des relations entre l'esprit et le monde. Il y explique que l'hypothèse que nous soyons tous des cerveaux-dans-une-cuve, même si elle n'est pas en contradiction avec les lois de la physique, ne peut être vraie, car elle est autocontradictoire. Une hypothèse autocontradictoire est une hypothèse dont le fait qu'elle soit vraie implique sa propre fausseté. En effet, même si nous pouvons admettre la possibilité de l'existence d'un monde dont tous les habitants sont des cerveaux-dans-une-cuve, nous devons considérer que les gens dans ce monde peuvent imaginer ou parler de tous les mondes possibles que nous pouvons imaginer et dont nous pouvons parler, mais ils ne peuvent pas imaginer ou dire qu'ils sont des cerveaux-dans-une-cuve (même s'ils pensent « nous sommes des cerveaux-dans-une-cuve »), parce qu'ils ne peuvent pas se référer à quelque chose de réel en dehors de la cuve. Si un cerveau-dans-une-cuve pense voir un arbre (suite à des impulsions électriques adéquates), il pense une proposition vraie, s'il voit une cuve devant lui, la proposition est vraie mais la cuve n'est pas réelle (c'est encore une hallucination électrique). Il s'ensuit que si le monde, possible, des cerveaux-dans-une-cuve est réel, quand nous disons que « nous sommes des cerveaux-dans-une-cuve » nous voulons dire que nous sommes des cerveaux-dans-une-cuve dans une image virtuelle. Mais, un des éléments de l'hypothèse selon laquelle nous sommes des cerveaux-dans-une-cuve contient le fait que « nous ne sommes pas » des cerveaux-dans-une-cuve et donc si nous sommes réellement des cerveaux-dans-une-cuve, la proposition « nous sommes des cerveaux-dans-une-cuve » est fausse. La similitude qualitative entre les pensées des cerveaux-dans-une-cuve et celle de personnes réelles n'implique pas que ces pensées aient les mêmes références. Les cerveaux-dans-une-cuve ne pensent pas à de vrais arbres quand ils ont l'image d'un arbre. La conclusion de cette démonstration, qui selon Putnam prouve que « l'hypothèse du cerveau-dans-une-cuve » est nécessairement fausse, est que un cerveau-dans-une-cuve n'est pas capable d'avoir une certitude sur son « statut de cerveau-dans-une-cuve », car toutes ses images ne sont, par la nature même de son existence, que de simples images. Avoir une image n'est pas la même chose que avoir un concept. Il faut noter ici la grande similitude entre ce qu'impliquent les arguments de Putnam et ceux utilisées par Searle dans sa chambre chinoise. Pour le redire en bref, si nous sommes des cerveaux-dans-une-cuve, la proposition « nous sommes des cerveaux-dans-une-cuve » est fausse.

D'après Putnam ce paradoxe découle de l'idée que la possibilité de l'existence, du point de vue de la physique, d'un monde où nous ne sommes que des cerveaux-dans-une-cuve, nous permet d'affirmer improprement une affirmation métaphysique. En réalité la possibilité physique n'est qu'une possibilité physique et non une vérité. Cette non-concordance entre vérité et possibilité physique dérive de l'attitude, depuis le XVIIe siècle, de voir les sciences exactes comme la description vraie et définitive de l'Univers, et la vérité physique comme seule vérité possible.

Sa démonstration sur les cerveaux-dans-une-cuve exclut la possibilité que nous soyons vraiment des cerveaux-dans-une-cuve, mais l'argument en est philosophique, pas physique. La philosophie a donc un rôle important, spécialement les formes transcendantes de l'analyse, comme celle que nous venons de suivre.

IV

Les hologrammes

Il est un produit de l'imagination que les lecteurs de science-fiction apprécient particulièrement, c'est la possibilité de reproduire juste en face de quelqu'un l'image virtuelle d'un endroit lointain ou d'une scène quelconque, même s'ils sont très loin, à des distances impossibles. Ces événements merveilleux ont été rendus possibles par la science, avec l'invention de l'hologramme.

Il y a bien sûr quelques limitations imposées par les lois de la physique — par exemple le fait que la vitesse de la lumière soit finie d'où une contrainte sur les distances — mais l'hologramme résulte du développement le plus avancé de l'optique, classique et quantique, accompagné d'une avancée impressionnante de la technologie.

Un hologramme est obtenu par une composition adéquate et un quadrillage interférentiel de rayons laser qui permet de « confiner » une figure tridimensionnelle d'un quelconque sujet dans une feuille à deux dimensions.

Une image impressionnante de cet effet, quoique utilisée peu souvent, est l'enfermement de quelques personnes réelles, même volumineuses, dans un cadre bidimensionnel comme si elles n'étaient que des images. Et, en effet la réduction à un hologramme est la punition tragique infligée aux ennemis de Superman dans le film homonyme.

L'hologramme a été inventé en 1947 par le lauréat du Prix Nobel Dennis Gabor. Il représente l'image d'une scène enregistrée par la lumière renvoyée par elle dans plusieurs directions. Ce qui permet voir la scène sous divers angles, contrairement à une photographie qui est l'enregistrement de la lumière renvoyée par un objet dans une seule dimension. Une photographie, est la représentation bidimensionnelle d'une scène donnée, alors que dans un hologramme sa reconstruction par la lumière renvoyée sous divers angles donne accès à beaucoup de détails qui sont perçus par le cerveau humain comme faisant partie de la structure tridimensionnelle originale. Ce qui justifie la tridimensionnalité de l'hologramme ; en fait on peut en faire le tour en marchant !

Une propriété fascinante des hologrammes est très appréciée des auteurs de science-fiction, c'est qu'ils reproduisent toujours entièrement une scène, quelle que soit la richesse de ses détails. Si un hologramme est « découpé » en morceaux, il représentera toujours la scène dans son ensemble, contrairement à une photographie. Dans ce dernier cas, en fait, si nous découpons une photographie en morceaux, chaque morceau ne montrera qu'une portion de la scène, alors que l'hologramme, comme nous l'avons dit, continuera à montrer la scène entière, parce qu'il est assemblé avec des points qui reçoivent la lumière de l'ensemble de celle-ci.

Inutile de préciser que le développement des hologrammes en tant que réalité scientifique ne doit rien aux fictions qui décrivaient par le passé ce phénomène avec une troublante similitude. La fiction moderne, ignorant souvent les limitations imposées par la physique, exploite beaucoup l'hologramme pour justifier un grand nombre de situations dans de nombreuses histoires.

Une de celles-ci se trouve dans un épisode de la saga *Star Wars* dans lequel la reine d'un royaume galactique est interviewée par l'intermédiaire de son image holographique. La fiction, ici, ignore quelques problèmes de nature scientifique. En premier lieu, l'image de l'interlocuteur, nécessaire pour la réalisation de l'hologramme, doit parcourir de grandes distances, dans ce cas celles séparant des galaxies, on parle ici de plusieurs millions d'années-lumière, et donc, vu que la vitesse peut être au maximum celle de la lumière dans le vide, l'image source de l'hologramme mettrait un nombre presque infini d'années pour atteindre ses interlocuteurs. Même problème pour le son de la voix bien sûr. L'imagination surmonte cette difficulté, le lecteur ayant la possibilité de penser à une solution, ce qui dans beaucoup de cas implique la possibilité de voyager plus vite que la vitesse de la lumière si on le désire, mais dans ce cas nous sortons du cadre de la science réelle et de celui que nous avons fixé dans la définition de la science-fiction.

Dans la fiction, les images holographiques sont souvent utilisées pour parler au nom et à la place de leurs originaux, des despotes cruels ou des Big Brother qui ne permettent à personne de les regarder directement. L'usage de l'image holographique a un gros impact psychologique sur leurs sujets, habituellement réduits en esclavage, augmentant l'impression de pouvoir et d'autorité de leur maître.

En tout cas, les hologrammes représentent — avec la boule magique, celle-ci étant la version science-fiction de la télévision — un moyen fascinant d'interagir visuellement avec un auditoire distant. Dans ce cas la science-fiction et la science réelle s'influencent à parts égales. En fait, comme nous l'avons déjà suggéré, peu de produits de l'imagination ont eu un développement pratiquement parallèle dans la science-fiction et la science réelle comme celui des hologrammes. Très récemment, ils ont été utilisés comme aide dans une opération du cœur par l'exploitation d'un hologramme représentant l'organe opéré projeté en dehors du corps. Ce qui permet de voir plus facilement où et comment pratiquer l'intervention chirurgicale.

Les hologrammes captivent l'imagination des hommes au point d'aller jusqu'à jouer un rôle crucial dans l'interprétation de la réalité. Ils nous permettent de pénétrer dans l'espace à quatre dimensions de la théorie de la relativité.

On dit que l'univers observable est lui-même un genre d'hologramme. Cette idée provient des concepts de base d'espace-temps et de cône de lumière dans la théorie de la relativité. L'espace-temps est l'environnement quadridimensionnel dans lequel nous et toutes les autres choses de la nature vivons. Comme l'indique le terme espace-temps, le temps y entre comme une des dimensions physiques, mais par rapport aux autres dimensions qui sont spatiales, il a la particularité d'être dynamique, il court continuellement quelle que soit la situation et le point éloigné de l'univers considéré. À cause de cet aspect dynamique du temps, notre Univers évolue, probablement d'un « commencement » vers une fin.

Tout est en mouvement autour de nous et nous-mêmes sur la Terre sommes en mouvement par rapport à tout le reste, mais ce que nous échangeons de fondamental avec ce qui nous entoure c'est la lumière. La majorité des informations sur l'Univers vient grâce à la lumière, qui se déplace à la vitesse maximum possible selon des trajectoires appelées « trajectoires lumineuses ». La trajectoire lumineuse qui nous croise à une position donnée dans l'espace et le temps nous donne des informations sur notre passé ; de fait nous pouvons voir notre passé, pas notre futur !

Par rapport à nous, pour chaque instant donné, l'Univers visible est fait de corps qui nous ont envoyé un signal lumineux dans le passé et donc la totalité des trajectoires lumineuses qui nous croise forme une surface appelée cône de lumière (passé). Cette surface est dite de « genre lumière » car seule la lumière peut y circuler. Ce que nous voyons est donc seulement ce qui croise le cône de lumière dans notre passé. L'Univers que nous voyons est donc situé entièrement sur cette surface et il n'est certes pas une tâche aisée d'interpréter les observations en fonction des distances par rapport à nous. Probablement, l'Univers que nous voyons n'est pas un hologramme comme nous l'entendons et le réalisons en laboratoire, mais il en a toutes les prérogatives.

Il y a une autre situation où une réalité tridimensionnelle apparaît confinée à une surface bidimensionnelle, elle est liée à l'émission énergétique d'un trou noir. Quand un corps s'effondre sous son propre poids, l'attraction gravitationnelle augmente à sa surface jusqu'au point que même la lumière ne peut en sortir et rejoindre les régions distantes d'où nous le détectons. La surface critique sur laquelle l'attraction gravitationnelle est si forte que même la lumière ne peut s'en échapper est appelée « horizon des événements » et les rayons lumineux pouvant en sortir semblent comme gelés sur elle.

Il s'ensuit donc que toute l'information concernant le monde tridimensionnel représenté par le corps qui s'effondre et transmise par les rayons lumineux est confinée dans son entier sur une feuille bidimensionnelle, l'horizon des événements, précisément, où la lumière ne peut survivre qu'en dépensant toute son énergie à lutter contre la gravitation qui la retient.

Vu qu'aucune information ne peut quitter la surface, la configuration qui survient à ce moment cause une déconnexion avec le monde extérieur, justifiant le terme de trou noir. La surface d'un trou noir, nommément une surface spatiale bidimensionnelle avec le temps comme troisième dimension, appelée, rappelons-le, horizon des événements, est une surface de genre lumière qui se comporte de manière classique comme une barrière potentielle ne pouvant être traversée par aucune particule ou signal lumineux.

Du fait de sa propriété d'avaler tout ce qui passe à proximité, sans qu'il reste un morceau de ses victimes, l'horizon des événements est entouré d'une zone de vide. Toutefois, du point de vue quantique, le vide est un océan de fluctuations où des paires de particules et antiparticules virtuelles sont créées qui s'annihilent immédiatement sauf si elles sont « dérangées » par un champ externe. La gravité est un de ces champs externes, elle absorbe une des deux particules avant qu'elle rejoigne son compagnon qui de virtuel devient donc réel et s'envole vers l'infini. Dans ce cas on dit que le vide est polarisé et par conséquence les particules qui ne sont pas avalées produisent un flux d'énergie qui peut être détecté à grande distance comme une radiation. Cette radiation est appelée radiation de Hawking du nom de l'astrophysicien qui a théorisé son existence. Elle est thermique, et donc ne donne pas une information complète sur le corps en train de s'effondrer. Il reste le problème de comment identifier et récupérer les informations manquantes. Ce qui est une exigence et une condition préalable fondamentale, car la base de la physique moderne est qu'une information ne peut être perdue.

Les propriétés de l'Univers visible et des trous noirs de se comporter comme des hologrammes nous poussent à les voir comme s'ils étaient réels, mais alors que cela ne peut être encore considéré comme significatif et justifié, l'impact sur la science-fiction en est énorme.

V

Harcèlement génétique

La propension de l'homme à prendre le contrôle de la nature pourrait le pousser à modifier l'équilibre des structures de celle-ci sans en voir toujours les conséquences. La combinaison de l'emploi de la haute technologie avec la curiosité innée des hommes et leur confiance en eux toujours plus grande dans leur capacité à reconnaître les limites de la sécurité, les mène au développement du champ potentiellement dangereux de l'ingénierie génétique.

Les caractéristiques humaines sont fixées par des gènes dont la composition interne est si compliquée et l'association avec d'autres gènes suivant une logique si compliquée, ayant pour but un dessein prédéterminé, que la recherche scientifique n'a pas jusqu'ici été capable de la justifier et de la comprendre en totalité. De fait, on pense généralement que la structure génétique doit à sa complexité sa plus belle réalisation : le fait que chaque être vivant soit différent de tous ceux de son espèce. Les différences ne sont pas seulement physiques, mais aussi psychologiques et comportementales. Les gènes, en fait, définissent aussi le caractère d'une personne, à savoir sa capacité à générer des pensées, prendre des décisions, manifester ses sentiments, développer une conscience mais aussi un inconscient qui est un inépuisable réservoir de pulsions.

Les gènes transportent toute l'information sur l'organisme qu'ils ont construit et chaque changement, si petit qu'il soit, de leur structure ou de leur contenu moléculaire provoque une modification importante et dans beaucoup de cas tragique de l'organisme lui-même. Paradoxalement, il est congénital pour l'être humain d'endommager son patrimoine génétique en touchant certains gènes spécifiques, juste pour voir comment réagit l'organisme et par conséquent découvrir le rôle spécifique de chaque gène. Il est aussi possible, évidemment de réparer des gènes préalablement endommagés, et donc de soigner des maladies génétiques qui sont souvent mortelles.

La science réelle a donc développé les manipulations génétiques jusqu'à une extrême complexité et compris que chaque secteur de la structure génétique répond à un rôle spécifique ; les gènes de ce secteur connaissent leur rôle et agissent en conséquence comme si un supérieur leur disait quoi faire et comment le faire.

Il était, jusqu'ici, établi de manière à peu près certaine qu'un tel supérieur ne devait pas exister, mais très récemment la possibilité que ce soit nous-mêmes a été évoquées. En fait, un équipe de chercheurs du Scripps Research Institute à La Jolla en Californie, dirigée par le biochimiste Floyd Romesberg, vient de créer le premier ADN artificiel à être reconnu, chose extraordinaire, comme naturel par les cellules où il a été implanté. Ces cellules ont pu se reproduire par caryocinèse montrant qu'on peut augmenter le code génétique qui est à la base de la vie. On ne peut pas encore entrevoir les conséquences de ce type d'expérience, mais nous avons de manière certaine été les témoins « en direct » d'une transition de la science-fiction à la science.

En dépit de l'énorme complexité des mécanismes génétiques, la science a accompli de nombreuses réalisations, positives en soignant des maladies mais aussi négatives en en créant de nouvelles ainsi que des malformations.

Il est clair que nous sommes là sur un terrain particulièrement fertile pour l'imagination. La science-fiction a utilisé les modifications génétiques pour justifier l'apparition de monstres et de toutes sortes de déviations pathologiques affrontés par les héros de roman, justifiant d'une manière quelque peu rude la présence d'êtres improbables et repoussants, dans la saga *Star Wars* par exemple.

Dans son film d'horreur et de science-fiction *La mouche* (1986), tiré du roman du même nom de Georges Langelaan (1957), le cinéaste David Cronenberg imagine le mélange de l'ADN du héros et de celui d'une mouche, entrée par accident dans une machine inventée pour la téléportation. La contamination des gènes de l'homme et de la mouche donnant naissance à une monstrueuse créature.

Nous sommes convaincus que la science-fiction a considérablement stimulé la curiosité des scientifiques dans le domaine de la génétique.

Dans une science-fiction cherchant à être plus réaliste, des « corrections » de la séquence génétique humaine plus précises et dans un but déterminé ont produit des surhommes apparemment insensibles aux maladies et autres types de blessures et dotés, en général, d'une force extraordinaire utilisée pour le bien de l'humanité. Néanmoins, le développement scientifique dans ce domaine montre une similitude étonnante avec ce que l'on voit dans les histoires de science-fiction. Il y a, ici, si peu de temps entre une chose imaginée par la science-fiction et certaines réalisations scientifiques, qu'il est difficile de savoir ce qui a été produit en premier et qui a influencé qui ! Sans aucun doute, et contrairement à ce qui se passe d'habitude, c'est la science-fiction qui dans beaucoup de cas s'inspire des résultats scientifiques dont les avancées dépassent l'imagination.

Le milieu interstellaire a toujours été considéré comme un environnement hostile où se cachent toutes sortes « d'ennemis » inattendus prêts à envahir la Terre en se servant des satellites artificiels ou des vaisseaux spatiaux venant à croiser leur route. Une façon plus subtile pour voyager et envahir la Terre est l'utilisation de spores faites d'une matière assez résistante pour protéger leur contenu des rayons cosmiques. Les ennemis voyageant à l'intérieur de spores sont des bactéries ou des virus qui survivent en milieu interstellaire et peuvent donc arriver sans être détectés sur notre pacifique Terre. Et là aussi l'imagination des auteurs peut se débrider et imaginer les virus s'attaquer aux gènes des humains et causer de terribles épidémies. C'est le thème du roman de Michael Crichton *The Andromeda Strain (La variété Andromède)*[10] paru en 1969 dans lequel un virus venu de l'espace cause des coagulations du sang menant à la mort ou à la folie. À la fin du livre, le virus subit une mutation génétique spontanée qui fait qu'il n'attaque plus le sang humain, au grand soulagement de l'humanité, mais il liquéfie désormais toute sorte de matière plastique. Un nouveau type de désastre menace donc les humains car tous les appareils contenant du plastique se désagrègent, les avions s'écrasent les bateaux coulent, les automobiles s'arrêtent et les instruments médicaux sont hors d'usage.

Les écrivains de science-fiction sont particulièrement intéressés par les êtres qui, venant de régions de l'espace lointaines en temps et en distance, n'ont pas besoin de temps pour devenir adulte après leur naissance. Il est assez commun de voir un être qui après un long voyage spatial dans une capsule, atterrit sur la Terre où il se met à grandir plus vite que n'importe quel humain. Un exemple bien connu en est le début de l'histoire de *Superman*, tandis que le roman à grand succès de Fred Hoyle *Le nuage noir*, censé éclairer l'humanité sur les grands mystères de la vie, est basé sur ce phénomène.

Le suspense et les frissons dans ces histoires où la croissance ultra rapide est un ingrédient essentiel, sont assurés pas les rencontres imprévues de personnes

---

[10] M. Crichton *La variété Andromède*. Robert Laffont, Paris.

normales avec ces aliens se présentant de manière puérile comme étant humains.

Évidemment ces idées, sorties de l'imagination des auteurs, n'ont pas été concrétisées par des manipulations génétiques permettant d'accélérer le processus du développement des humains. Du moins, pas encore !

Au-delà de l'imaginaire, tout le monde sait maintenant, nous en avons confirmation tous les jours, que les hommes sont en train de travailler activement dans le domaine des manipulations génétiques, et la crainte des gens qu'une expérience manquée devienne hors de contrôle est fortement motivée.

VI

Les Clones

L'idée de manipuler le corps humain dans le but de créer une copie de celui-ci, si possible ayant son âme, ses souvenirs, ses sentiments et tout ce qui enrichit l'esprit humain est utilisée de manière persistante par la science-fiction. Elle prend ses racines dans le mythe grec de Prométhée, le titan qui voulait créer une humanité meilleure. Le concept de la copie d'un être humain, un clone, en tant que stratagème pour ajouter ce qui manque à l'original et qui se trouve désiré inconsciemment, apparaît dans de nombreuses histoires ; la plus fameuse d'entre elles étant sans doute le roman de Gustav Meyrink *Le Golem* en 1914, d'après une vieille légende juive de Prague.

Une des premières tentatives pour décrire la « construction » d'un humain artificiel est décrite dans le célèbre roman de Mary Shelley *Frankenstein* publié en 1817. Toutefois, à cette époque on n'avait pas les connaissances de base en biologie sur un tel sujet et donc les essais pour le faire sont assez bizarres. Lorsque le concept de clone devint une réalité scientifique et qu'il fut clair que sa réalisation n'impliquait pas de violation des lois de la physique, rien n'empêchait plus de dupliquer un être vivant, et donc un être humain. Encouragée par le développement de la technologie scientifique dans le domaine de la génétique, l'imagination des auteurs les poussa à créer des versions améliorées des clones, proches des originaux et dans certains cas ne pouvant être distingués de ceux-ci, ouvrant ainsi la voie à de nombreuses situations dans les livres et les films. Dans le film *À l'aube du sixième jour* réalisé en 2000 par Roger Spottiswoode, on ne peut pas différencier le héros et son clone et celui-ci prend la place de l'original ce qui mène à des situations compliquées mais plausibles.

De simplement « imaginaires » les histoires basées sur l'existence de clones devinrent de la « science-fiction » à la naissance du premier clone, la brebis Dolly.

Beaucoup d'histoires de clones contiennent des « avertissements » faits à la science réelle mais aussi, inévitablement à notre modèle de société dans lequel elles pourraient se produire avec le danger qu'elles nous décrivent.

La transplantation d'organes humains est un des progrès de la science moderne. Après une phase d'expérimentations, elle s'est rapidement développée dans le monde entier comme un traitement médical d'actualité, permettant de sauver des vies avec un bon taux de réussite. Cette situation a naturellement inspiré romans et films d'horreur sur une production massive de clones destinés au stockage d'organes utilisables quand il en est besoin, vendus dans un marché monstrueux.

Les clones ou les humains modifiés génétiquement sont souvent exploités dans la science-fiction lorsqu'on décrit une société improbable du futur devenue un cauchemar pour l'humanité.

Auprès de moi toujours est un roman de l'écrivain Kazuo Ishiguro, britannique d'origine japonaise, prix Nobel de littérature 2017. L'histoire se déroule dans un présent dystopique et l'héroïne la raconte sous formes de flashbacks.

Une dystopie (par opposition à utopie) est une société que nous ne souhaiterions pas voir arriver. Ce type de société se retrouve dans de nombreuses œuvres artistiques où l'action se déroule dans le futur. On trouve des communautés dystopiques dans de nombreux livres de fiction et de science-fiction. Et souvent le but de ces récits est d'attirer notre attention sur des événements de notre monde actuel, en politique, science ou société, qui si on n'y prête pas attention peuvent, en principe mener à une telle situation dystopique.

On peut citer comme exemples célèbres de sociétés dystopiques celles décrites dans *R.U.R.* (où on voit apparaître pour la première fois le concept de robot), *Fahrenheit 451*, où l'état fait brûler les livres, car il en a peur, *Blade Runner*, où des répliquants créés génétiquement infiltrent la société.

Dans ces récits, les dystopies sont souvent subjectives. Certaines personnes vivant dans une société dystopique peuvent ne pas se rendre compte qu'elles en font partie. C'est le cas dans l'histoire racontée dans *Auprès de moi toujours*, où trois élèves d'un collège anglais bien tranquille grandissent totalement isolés du monde extérieur, ils étudient et deviennent des amis intimes. Quand ils quittent le collège ils sont destinés à devenir des donneurs : ce sont des clones créés en laboratoire pour donner leurs organes à des gens malades. Sans le savoir, ils sont aussi les sujets d'une expérience destinée à montrer que les clones ont une âme et une sensibilité artistique.

Peut-on transplanter l'esprit de quelqu'un ? Est-ce qu'on peut transférer ses souvenirs, ses émotions et ses secrets à un autre humain pour sauver la richesse de son esprit, sa personnalité même si son corps physique devient inutile.

Bien que cela apparaisse lointain dans les histoires de fiction, nous sommes tous bien conscients que quelque part quelqu'un est peut être en train de travailler sur le sujet et que la probabilité d'y parvenir n'est pas négligeable.

Il y a un autre type de fiction au sujet des clones, différent mais tout aussi terrifiant : la possibilité de créer grâce à eux une armée de soldats soumis à un lavage de cerveau intensif qui les transforme en machines à tuer à disposition en cas de guerre. Le film bien connu *Star Wars épisode 2* traite de ce sujet. Un autre film parle la possibilité de créer un nombre infini de clones : *Le Prestige* (2006) tiré du roman éponyme de Christopher Priest (1995). L'idée est que le savant Nikola Tesla ait découvert le secret de la téléportation, mais la fin du film révèle que la machine créée dans ce but n'est pas capable de déplacer des objets mais seulement d'en créer des copies.

Il n'est pas sûr que cloner un être humain soit possible, au sens de produire une copie vivante d'un homme ou d'une femme qui ait toutes les fonctions de bases nécessaires à la vie correctement reproduites, néanmoins, il est établi qu'il n'y a pas de raison physique qui pourrait l'empêcher.

VII

Le temps et la mémoire

Newton découvrit les lois du mouvement, les lois de la gravitation et en établit l'universalité. Elles furent appliquées avec succès pour décrire le mouvement des planètes bien qu'une légère différence entre les données observées et celles prévues fit survivre la conviction que la « connaissance » n'est jamais absolue mais qu'elle-même évolue dans le temps. Pour autant que ces petites divergences n'étaient pas sensibles, les lois de Newton furent appréciées pour leur rigidité qui les rendait difficiles à violer. En conséquence l'interprétation déterministe de l'Univers que ces lois impliquent apparaît elle-même intangible. Il écrit, dans les notes à la fin de son « Principia » :

> Cet admirable arrangement du Soleil, des planètes et des comètes, ne peut être que l'ouvrage d'un être tout puissant et intelligent.[11]

L'Univers, en effet, est alors considéré comme une grande horloge mise en mouvement par Dieu au commencement du temps, si commencement il y eut. Tous les éléments à l'intérieur de l'Univers se déplacent d'une manière qui peut être prévue avec précision par les lois de Newton. Le « futur » de chaque être, vivant ou non, est fait de tous les événements qui vont avoir lieu alors que le « passé » est fait de tous les événements qui ont déjà eu lieu. Le moment où l'événement se produit identifie le « présent » qui est donc entre le passé et le futur. Le futur est déterminé

---

[11] Newton, *Principia*, trad. fr. Mme du Châtelet 1726, Gabay, Paris, 1990.

par le passé de telle manière que rien n'est laissé au hasard. Et donc, lorsque les scientifiques découvrirent que les particules élémentaires se comportent de manière probabiliste plutôt que déterministe, la fin de la physique newtonienne fut inévitable.

La relativité nous enseigne que présent, passé et futur coexistent et que leur distinction est illusoire, c'est pourquoi il est nécessaire de réaliser que non seulement nous vivons dans le présent, « maintenant », mais que ce « maintenant » fait partie d'une ligne cosmique du temps sur laquelle nous occupons une position infinitésimale. La perception générale – actuellement universellement reconnue – est que le passé est immuable, alors que le futur est ouvert à des modifications qui dépendent fortement d'actions ou de choix pris dans le présent et appelés communément « libre arbitre ». Précisons toutefois que le libre arbitre n'est pas complètement « libre », puisqu'il est soumis aux lois de la physique.

La perception du flux temporel est indiquée par ce qu'on appelle la flèche du temps, l'asymétrie temporelle du phénomène. Nos actions sont dirigées vers le futur, l'effet d'une cause est dans le futur, pas dans le passé. Nous pouvons visiter deux fois le même endroit, mais normalement nous ne pouvons le faire deux fois au même moment.

Einstein nous dit que chaque jugement que nous faisons en termes de temps est toujours un jugement concernant des événements simultanés. Si deux événements sont simultanés par rapport à un observateur dans son cadre fixe, ils coexistent puisque celui-ci reçoit un signal lumineux de la part des deux en même temps. Il est clair que ces deux événements ne peuvent mutuellement s'influencer. Par contre, ils ne sont pas simultanés pour un autre observateur en mouvement relatif par rapport au premier. Cet observateur, en fait, reçoit les deux signaux lumineux à des moments différents, l'un d'entre eux pointant vers un événement situé dans son futur.

Le futur existe donc, même si le deuxième observateur n'en a pas été témoin ; cela implique que le futur, lui aussi, n'est pas modifiable. Nous ne modifions pas le futur par nos actions, nous pouvons seulement faire en sorte que se produisent des événements qui existent déjà dans notre futur.

La mémoire est strictement liée à la perception du temps. La psychologie cognitive moderne suggère que l'architecture de notre mémoire est formée de trois sous-systèmes :

- Le registre sensoriel
- La mémoire à court terme
- La mémoire à long terme

L'information sensorielle est d'abord stockée pendant un très court instant dans le registre sensoriel, puis elle peut être transférée dans la mémoire à court terme où elle est mieux focalisée. Une partie de cette information peut finalement être conservée dans la mémoire à long terme. Le concept de mémoire à court terme est remplacé chez certains auteurs par celui de mémoire de travail. La structure de la mémoire de travail serait la suivante :

- Un administrateur central
- Une boucle phonologique (dans laquelle l'information est stockée sous forme verbale)
- Un calepin visio-spatial (où les informations sont codées sous forme visuelle)

La boucle phonologique est très importante pour la production du langage, et il y a des évidences neurologiques qui montrent que la structure de la mémoire de travail est bien conforme à cette description.

Il existe plusieurs définitions selon le type de mémoire que nous utilisons : mémoire épisodique, mémoire sémantique, mémoire implicite et explicite.

La mémoire épisodique est celle qui est connectée avec le temps qui passe. La mémoire épisodique a donc une nature autobiographique et se réfère à des événements spécifiques.

La mémoire sémantique est en rapport avec notre connaissance du monde, la signification des symboles et les relations entre eux. Elle est comme un thésaurus mental. Les deux mémoires, sémantique et épisodique, sont en relation très étroite, mais il est intéressant de noter que les personnes souffrant d'amnésie peuvent avoir de graves problèmes de mémoire épisodique, alors que leur mémoire sémantique (au moins celle acquise avant le début de l'amnésie) demeure pratiquement intacte.

Le souvenir des événements (mémoire épisodique) joue un rôle clé dans la possibilité de voyager dans le passé au moyen d'une machine à remonter le temps. Nous devons, en fait, être capables de comparer un épisode avec le même épisode que nous aurions visité dans le passé. Nous devons, à cet effet, conserver en mémoire notre biographie passée. Les androïdes du film de Ridley Scott *Blade Runner* (1982) cherchent à simuler cette mémoire caractéristique des épisodes de notre passé, dans le but d'être confondus avec les humains.

La conséquence la plus inattendue de la relativité de la mesure du temps est la possibilité de faire des voyages dans le temps, en particulier dans le passé. Ceci considéré, le choix des cadres de référence est implicite pour celui qui mesure les intervalles de temps. Aller dans le passé d'un observateur donné requiert, pour un autre observateur, d'inverser le flux du temps physique, donc celui lu par l'observateur qui voyage sur sa montre relativement au flux universel du temps comme coordonnée. Cette inversion du temps implique que l'observateur qui voyage se déplace dans le passé de son compagnon, même si localement il se déplace dans son futur. Cette situation est appelée *violation de chronologie*. Évidemment quand la chronologie est violée et que l'observateur qui voyage rencontre l'autre dans le passé, il est potentiellement possible qu'il agisse en violant la causalité, en s'empêchant lui-même de naître, donc. Il faut craindre dans ce cas une *violation de causalité.* Il est clair que cette dernière circonstance ne se produit pas nécessairement – en fait elle ne doit pas se produire – étant bien établi que la causalité ne doit jamais être violée pour respecter les lois fondamentales de la physique.

Le fonctionnement du temps est donc quelque peu bizarre dans le contexte de la science réelle et reflète ou induit le grand nombre de situations, elles aussi bizarres qu'on trouve dans la science-fiction.

VIII

La machine à explorer le temps

Le voyage dans le temps a toujours fasciné l'imagination des hommes pour les grands mystères qui l'entourent et qui donnent lieu à tant d'histoires fantastiques sur le sujet. Le temps est la quatrième dimension du monde dans lequel nous vivons et, bien qu'il devrait être considéré sur le même plan que les trois autres dimensions spatiales, il court sans interruption, reflétant le caractère dynamique de notre Univers. Ce dernier, en fait, est indiscutablement en perpétuel mouvement, tous ses composants sont en constante évolution, obéissant à une sorte de force imposée qui nous ramène à son origine, le Big Bang. Nous faisons partie de cet Univers et suivons, sans pouvoir y échapper, sa course vers le futur en suivant la coordonnée du temps comme un indicateur de notre être entraîné dans cette évolution générale de l'Univers.

Le temps marque les changements du monde à tous points de vue et puisque le changement est une propriété globale de l'Univers, le temps existe partout et pour tout observateur qui peut le mesurer. Par conséquent le temps est une entité absolue, une présence inévitable qui laisse son empreinte sur nous, physiquement mais aussi psychologiquement. Toutefois le temps peut s'écouler à un rythme différent selon les conditions d'observation de celui qui le mesure. La théorie de la Relativité d'Einstein nous dit que le temps que nous mesurons est relatif, et c'est cette propriété qui permet l'existence de cet étrange phénomène appelé machine à explorer le temps.

Pour bien pouvoir l'expliquer, nous devons d'abord réaliser que chacun de nous dans notre vie quotidienne, voyage dans le temps comme nous le faisons dans chacune des dimensions spatiales, mais sans avoir besoin d'un moyen de transport tel qu'un avion ou une automobile. Contrairement au mouvement dans les dimensions spatiales, nous nous déplaçons spontanément dans le temps et notre mouvement est indiqué, par exemple par le vieillissement. Plus vite nous nous déplaçons dans le temps par rapport à une personne voisine, plus vite nous vieillissons à ses yeux.

Un nouveau principe de relativité a été formulé récemment[12] établissant que la somme bien définie des vitesses spatiales et de la vitesse du temps est toujours égale à la constante de Maxwell *c* représentant la vitesse de la lumière dans le vide et dont la valeur est légèrement inférieure à 300 000kilomètres à la seconde !

Ceci est valable pour *tous* les corps quelles que soient leur nature et leur composition, et les vitesses entrant en jeu le sont relativement à *n'importe quel* observateur. Le caractère absolu de cette proposition fait d'elle un « principe »

Si les vitesses spatiales relatives sont nulles et si nous sommes en l'absence de déformations de la géométrie de l'espace-temps, alors nous nous déplaçons le long de la dimension temporelle à la vitesse maximale possible, donc égale à la constante de Maxwell *c*. Bien que nous ne ressentions pas ce mouvement, nous réalisons, avec déplaisir, que le temps passe vite !

Si, au contraire, un observateur se déplace avec une très grande vitesse par rapport à tous les cadres de référence, alors, son « mouvement » le long de la dimension temporelle aura lieu avec une vitesse plus basse. La possibilité de ralentir la vitesse du temps par

---

[12] F. de Felice & G. Preti *A generalized Principle of Relativity* Chaos, Solitons & Fractals 41 (2009) 1113 -1122doi:10.1016/J.chaos.2008.04.041 arXiv:0709.3002v2 [gr-qc] 14 Apr 2008.

rapport aux observateurs voisins est une des conditions essentielles pré-requises de la manifestation du phénomène de la machine à explorer le temps.

Le message important, qui résulte des considérations ci-dessus, est que la machine à explorer le temps ne contredit aucune des théories actuelles de la physique en dépit des situations paradoxales auxquelles elle peut mener, et par conséquent nous voyons donc que la possibilité de voyager dans le temps au moyen d'une de ces machines fait désormais partie du domaine scientifique, sortant de celui de l'imagination pure où il était confiné depuis toujours.

Le problème de la machine à explorer le temps commença à retenir l'attention de la communauté scientifique lorsque Gödel[13] trouva en 1949 une solution cosmologique aux équations du champ d'Einstein, qui autorise l'existence de trajectoire spatio-temporelles fermées, celles qu'utilise un voyageur pour revenir, après un long voyage, à son point de départ, signifiant en cela que c'est non seulement le même point de l'espace mais aussi le même moment. La solution de Gödel décrit un Univers en rotation ; en effet, la rotation est la véritable origine physique du comportement particulier du temps. Notre Univers, toutefois, n'est pas en rotation et donc la machine à explorer le temps que cette solution permet d'envisager n'est pas réaliste et fut écartée.

Lorsqu'on parle de machine à explorer le temps il faut distinguer entre voyager dans le passé ou dans le futur d'un observateur donné. La théorie de la relativité établit que voyager dans le futur d'un observateur en étant son compagnon est possible à condition que celui-ci voyage dans l'espace à de très hautes vitesses. Cette circonstance a été vérifiée expérimentalement en exploitant les vitesses que

---

[13] K. Gödel (1949) *An example of a new type of cosmological solution of Einstein's field equetions of gravitation.* Review of Modern Physics 21, 447.

les particules élémentaires peuvent atteindre dans les accélérateurs de particules existant dans de nombreux endroits de notre planète mais également en utilisant les satellites artificiels qui sont en orbite autour de la Terre à des vitesses beaucoup plus lentes .

Dans ce dernier cas, le « saut » en avant dans le temps de l'observateur embarqué par rapport à celui, sur la Terre, qui mesure l'écart de temps, est une infime fraction de seconde. Écart insuffisant pour les auteurs qui envisagent des voyages dans le futur pour de nombreuses années, la faisabilité de tels voyages consistant dans la capacité à atteindre des vitesses extrêmement élevées. C'est là que l'imagination et la science-fiction entrent en jeu.

L'œuvre de science-fiction la plus populaire, celle qui a le plus influencé la littérature sur le sujet des voyages dans le temps est le roman de H.G. Wells, *La machine à explorer le temps.* Dans ce livre, une hypothétique machine se trouvant dans le laboratoire d'un savant est capable de « se déplacer » dans le temps, projetant son passager soit dans son futur soit dans son passé en sélectionnant à l'avance l'écart temporel. Le roman ne parle pas de vitesse spatiale. En effet l'auteur ne connaissait absolument pas cette nécessité scientifique qui n'apparut qu'avec la Théorie de la Relativité en 1905, ce qui rendit le problème considérablement plus compliqué pour les auteurs de science-fiction. On retrouve la notion de vitesses spatiales dans des œuvres plus récentes où il est question de voyages dans le temps, citons par exemple : *La planète des singes*, roman du français Pierre Boulle en 1963, la très célèbre série télévisée *Star Trek* de Gene Rodenbery sortie en 1966 et reprise ensuite au cinéma, et en 1985 le film *Retour vers le futur* dirigé par Robert Zemeckis et ses deux suites (II et III). Dans toutes ces œuvres les considérables sauts dans le futur, mais aussi improprement, dans le passé, sont dus aux vitesses avec lesquelles se déplacent d'improbables moyens de transport.

Voyager dans le passé, toutefois, nécessite une condition complètement différente, difficilement prise en compte dans les œuvres de science-fiction. Il s'agit de la forte déformation de la géométrie de l'espace-temps. La géométrie est la description des relations entre les « choses » qui occupent l'espace et l'élément le plus important de la géométrie de l'espace-temps est le cône de lumière lié à chaque point donné. Le cône de lumière est fait de la totalité des rayons lumineux qui atteignent un point et qui le quittent. Chaque point à son propre cône de lumière qui identifie de manière unique son futur causal constitué par tous les rayons qui en partent et son passé causal, constitué par tous les rayons qui l'atteignent. Le point peut être n'importe quoi, une particule, une pierre, une personne ou juste un signal lumineux. En général, le cône de lumière d'un corps donné, quel qu'il soit, fixe la dynamique qui peut être suivie dans un système physique quelconque. Le cône de lumière indique en fait où se trouve le futur du système, étant donné que le corps, quel qu'il soit, ne peut qu'aller dans le futur. Si la géométrie de l'espace-temps est déformée par une perturbation quelconque, le futur et le passé de chaque point donné doivent être trouvés en étudiant les trajectoires des rayons lumineux, ce qui en général n'est pas une mince affaire. Il peut arriver qu'un observateur, voyageant dans son futur proche, pénètre dans une région de l'espace-temps où la géométrie est très déformée par rapport celle de son départ et donc de son futur proche. La conséquence de ces déformations est qu'il peut changer de sens pour un autre observateur qui serait suffisamment éloigné de la perturbation pour ne pas en être affecté. Quand les deux observateurs se rencontrent, ils peuvent découvrir que l'un a été projeté dans le passé de l'autre. Le phénomène n'est pas symétrique, il est irréversible. Quand il se produit nous sommes alors en présence d'une machine à explorer le temps.

Les considérations scientifiques qui établissent de manière précise les concepts des voyages dans le futur et le passé causal d'un observateur donné, montrent que les situations décrites dans la plupart des œuvres de fiction ne sont pas compatibles avec un voyage dans le temps. En particulier celles envisagées dans le roman de Wells sont toutes fausses, mais comme nous allons le voir, ce qui est essentiel pour la science c'est comment prendre en compte une possible contradiction avec son cadre général.

Le fait qu'on ait trouvé qu'il était possible de concevoir une machine à explorer le temps en ne violant pas les lois de la Physique a déclenché l'intérêt des auteurs vers les voyages dans le temps, un sujet qui était considéré comme un élément important dans la littérature de science-fiction mais sans aucun fondement scientifique. Ils ont saisi la nouveauté que leur offrait la recherche scientifique pour développer une grande production littéraire consacrée aux voyages dans le temps. Cette apparente liberté a encouragé les auteurs de science-fiction a décrire toutes sortes de situations paradoxales, du genre : un observateur se rencontrant lui-même plus jeune ou rencontrant son grand-père alors que celui-ci est encore enfant et faisant en sorte de l'empêcher de l'engendrer. Cette situation est brillamment décrite dans le premier film de la série *Retour vers le futur.* Il est clair que même si l'existence d'une machine à explorer le temps ne viole aucune des lois de la Physique, elle peut elle-même conduire à la violation d'un des principes fondamentaux de la Physique, j'ai nommé le *principe de causalité.*

La science-fiction s'est nécessairement heurtée à cette contradiction de la science : d'une part réussir à décrire le monde physique en conservant, puisque c'est un de ses fondements, un strict respect du principe de causalité et d'autre part générer les conditions qui pourraient mener à la violation dudit principe. La science-fiction s'est posé le problème et cela a produit des histoires dans lesquelles la violation du principe de causalité était la motivation et le thème central. On pourrait imaginer que la fantaisie et l'imagination puissent révéler ou simplement suggérer un moyen de contourner cette anomalie. On ne peut pas savoir, à ce jour, si et quand la science réagira devant l'imminence d'un désastre pour éviter qu'il se produise.

Dans ce cas de figure, la science-fiction n'a pas instillé dans l'imaginaire commun un développement technologique particulier, mais a suggéré comment, dans des situations variées, la science peut prévenir par ses propres moyens la violation de la causalité.

IX

Le nœud de causalité

Comme il a été établi à de nombreuses reprises, il existe une conséquence embarrassante dans les machines à explorer le temps classiques. Elles permettent l'existence d'une trajectoire spatio-temporelle fermée, c'est-à-dire qui passe plus d'une fois par le même point de l'espace-temps ou un point très voisin. Cette circonstance impliquant, bien sur, qu'il existe aussi une trajectoire spatio-temporelle qui croise de manière répétée le passé causal d'un point donné de l'espace-temps, celui du départ d'un long voyage.

Bien que cela puisse se faire sans violer aucune loi de la Physique, de tels évènements peuvent mener à une violation de la causalité, ce qui pour la science est la pire des calamités.

Premier cas : quand la trajectoire spatio-temporelle croise le « même » événement plus d'une fois en supposant que l'événement donné soit le début d'un long voyage, le voyageur présumé revient au point de départ sans que le temps ait changé. Il est, bien sur, beaucoup plus vieux que le frère jumeau qu'il aurait et qui lui n'a pas subi de saut temporel. Dans cette situation, notre observateur voyageur visite deux fois le *présent* de son frère.

On retrouve cette situation assez souvent dans la science-fiction. Nous rappellerons juste le film *Contact* de Robert Zemeckis (1997), tiré du roman homonyme de Carl Sagan paru en 1985 et plusieurs scènes du film *Retour vers le futur* déjà mentionné. Dans tous les cas, le problème crucial du vieillissement du voyageur par rapport à ses partenaires n'ayant pas vécu ses bouleversements de la chronologie est tout simplement ignoré. On le voit bien si on pense que, même si le voyageur se déplace dans la direction opposée par rapport à la coordonnée du temps donc en ne respectant pas la chronologie, son temps physique, appelé aussi temps propre, qui gère ses changements, dont le vieillissement, continue à se dérouler dans le sens de son futur proche, peut-être à la même vitesse. La science réelle peut cependant résoudre ce problème en évitant un vieillissement trop grand aux personnages qui entreprennent un voyage dans le temps. On sait bien, depuis la théorie de la relativité, que plus rapide est la vitesse à laquelle un voyageur se déplace sur sa trajectoire, plus lente est la vitesse de son propre temps jusqu'à se rapprocher de zéro si la vitesse du vaisseau approche celle de la lumière dans le vide. Dans ce cas notre voyageur ne subira qu'un vieillissement négligeable justifiant ainsi ce qu'on voit dans les fictions.

Évidemment, quand les voyages dans le temps sont permis, un observateur voyageur, commençant son voyage d'un point donné de l'espace-temps, peut aussi croiser le passé de ce point en coupant la trajectoire spatio-temporelle qui représente son histoire comme celle de son frère jumeau avant le départ. Dans ce cas, il peut très bien arriver qu'il se rencontre lui-même plus jeune. Dans ce cas le souvenir de la rencontre modifie aussi bien le voyageur que l'autre « lui-même », leur futur est modifié d'une manière que la Physique ne peut pas prédire. On appelle cette situation un *nœud de causalité.*

On retrouve cette circonstance particulière dans la science-fiction à divers degrés de compatibilité avec les limitations imposées par la science. On rappellera, encore une fois, les divers épisodes de *Retour vers le futur*, ainsi que *L'armée des douze singes*, film de Terry Gilliam en 1995, inspiré lui-même de *La jetée* de Chris Marker (1962). Ces fictions utilisent la façon la plus évidente et une des seules pour dénouer un nœud de causalité[14], à savoir : l'ignorer en évitant tout contact entre le voyageur et lui-même plus jeune, sans attente ou volonté de rencontre, ce qui modifierait les conditions qui garantissent l'évolution de leurs trajectoires spatio-temporelles après le moment où ils se croisent. Au contraire, si la perturbation du statut physique mais aussi psychologique des protagonistes de la rencontre spatio-temporelle est suffisamment forte, la trajectoire du voyageur lorsqu'il est plus jeune peut dévier et alors l'empêcher de prendre le départ de son voyage, et donc créant une rupture de causalité. À la fin du film *2001, l'Odyssée de l'Espace*, l'astronaute David Bowman est soudain transporté dans un tunnel de lumières colorées, et après avoir voyagé à très grande vitesse sur de grandes distances il se retrouve dans une chambre où il voit divers états de lui-même, vieillissant progressivement, sans qu'il y ait aucune interaction de sa part (la scène le montre immobile dans son scaphandre spatial).

La Science n'a pas encore de réponse sur comment contourner un nœud de causalité, mais on peut lui faire confiance pour la trouver, il faut juste attendre qu'elle soit formulée dans un cadre rationnel.

Le voyage dans le passé provoque des émotions plus fortes que le voyage dans le futur ; la raison de cette asymétrie psychologique prend racine dans l'inconscient humain.

L'idée d'une machine à explorer le temps, où le héros retourne vers son passé pour commencer une vie différente (et meilleure) peut être reliée aux mythes anciens de la renaissance.

Dans les cultures primitives, par exemple, l'initiation coïncide avec l'idée d'une mort et d'une seconde naissance. Les rituels initiatiques sont destinés à construire

---

14 NdT : Dans *La jetée*, à la toute fin du film, il y a croisement entre le voyageur et lui-même plus jeune, et un « dénouement », donnant la clé de toute l'histoire.

une nouvelle personnalité, c'est pourquoi l'initié devant renaître il doit passer d'abord par le stade infantile. L'initiation vue comme une mort, rend possible une t*abula rasa* dans l'esprit de l'initié, où on pourra écrire les révélations faisant de lui un homme nouveau. Le temps entre la mort et la naissance initiatiques peut être long. On trouve chez Dionysos (le Dieu né deux fois), le thème de la renaissance cyclique, sans oublier la résurrection du Christ et Hamlet, héros plus moderne, qui confond la mort et les rêves (*mourir, dormir [...] si la crainte de quelque chose après la mort, de cette région inexplorée d'où nul voyageur ne revient, ne troublait la volonté...*) dans lesquels il peut envisager la possibilité d'aller dans le passé pour voir ce qui est arrivé à son père et le venger, une véritable boucle temporelle fermée.

Le concept de causalité est si important qu'on le retrouve dans tous les raisonnements, scientifiques ou non, mais on peut chercher à déterminer si même la précausalité ne pourrait-elle pas être un ingrédient important du raisonnement menant à la découverte.

La pensée précausale, que le psychologue et pédagogue Jean Piaget place dans les premiers stades de l'évolution mentale de l'enfant, pourrait plutôt être une caractéristique générale du raisonnement (chez l'enfant et l'adulte) et non un stade préliminaire. D'après Felice Perussia[15] beaucoup d'interprétations par des enfants de phénomènes naturels peuvent être retrouvées, parfois avec les mêmes mots dans les textes scientifiques classiques de la tradition grecque, latine ou du Moyen Âge. Cela veut dire que l'enfant est un petit scientifique, mais selon une science qui n'est désormais plus partagée, du moins selon les critères de l'épistémologie moderne.

Perussia compare les protocoles de Piaget avec les écrits de nombreux scientifiques classiques, de l'antiquité au

---

15 Perussia, F. *Ricerche sul pensiero pre-causale* : *Una rassegna* (1962/1982) Giornale Italiano di Psicologia 11(2), 1984, 193-22.

20e siècle. Il note les similitudes entre la pensée d'un adulte et celle d'un enfant chez de nombreux philosophes et physiciens, tant anciens que modernes, et les exploite pour voir si la notion de pensée infantile ou « précausale » de Piaget est différente dans sa structure de la pensée adulte ou « causale ».Par exemple, il note que la croyance des enfants que des « rayons visuels » émis par les yeux permettent de voir, faisait partie de presque toute la vieille science de l'optique (Empédocle, Hipparque, Bernard de Tours) au moins jusqu'à la Renaissance. La notion qu'un objet est pratiquement égal à son nom est non seulement répandue dans les textes anciens (Platon, la Bible) mais aussi dans la théorie contemporaine des signes naturels (Wolfgang Köhler). La croyance enfantine qu'une pensée est équivalente à un discours silencieux est partagée par le psychologue américain J.B.Watson (1878-1958) initiateur de l'école du behaviorisme. Démocrite, Cicéron et d'autres, croyaient, comme le font les enfants, que les rêves viennent du mode extérieur, c'est-à-dire qu'un rêve vient d'ailleurs. La croyance infantile que la pensée et l'air (pneuma) sont la même chose est partagée par Antipater, Zénon, Diogène d'Appolonia.

La classification des objets entre vivants et non vivants (pensée animiste) est présente dans les travaux des physiciens de l'Antiquité tels Démocrite, Thalès, Aristote, on en trouve également des traces chez Léonard de Vinci et Nicola Cusano.

Ces considérations vont dans le sens de notre hypothèse. Raisonner en termes de dichotomie entre science dure (pensée causale et logique) et fantaisie, imaginaire, poésie… est beaucoup trop simple. Les deux approches de la réalité sont en fait interconnectées, comme les deux hémisphères du cerveau sont reliés par le corps calleux. Et pour cela, l'imaginaire que l'on trouve dans la science-fiction peut inspirer les découvertes scientifiques et vice versa.

X

Le laser et le rayon de la mort

Dans une œuvre de science-fiction on voit souvent un affrontement violent entre des antagonistes appartenant à diverses espèces ou, plus fréquemment des habitants de mondes distants. De même, très souvent une des parties combattantes possède une technologie plus avancée qui lui donne une supériorité sur ses adversaires et augmente le suspense du scénario. Les armes utilisées sont d'une très haute technologie et beaucoup d'entre elles émettent un rayon mortel. C'est un flux de lumière d'une luminosité extrêmement intense et d'une très haute fréquence, concentré dans un étroit faisceau. Si la fréquence du faisceau lumineux est celle des rayons x ou des rayons gamma, alors le fait qu'on voie le rayon est une licence littéraire, car nous ne pouvons pas voir la lumière de ces fréquences sauf à préciser que c'est seul le cœur du faisceau qui est fait de hautes fréquences tandis que la lumière périphérique se situe dans les fréquences visibles. Tout ce que le rayon de la mort atteint est détruit, réduit en morceaux ou en cendres ou disparaît tout simplement.

Une description fameuse des effets du rayon de la mort nous ramène à *La guerre des mondes* de H.G. Wells, déjà mentionné. Des armes similaires sont supposées avoir été utilisées par des envahisseurs de la Terre dans un passé lointain dans *Star Gate* et dans des plus récentes batailles spatiales dans *Star Wars* et *Star Trek*.

L'efficacité supposée et l'importance stratégique d'une telle arme dans un conflit, a toujours attiré l'intérêt des scientifiques et des militaires. De nombreuses rumeurs ont laissé entendre que des scientifiques renommés comme Tesla et Marconi avaient réalisé secrètement un tel rayon, ce qui fut immédiatement démenti par les intéressés. Jusqu'à maintenant, le rayon de la mort tel qu'on le rencontre dans la science-fiction n'a jamais été réalisé en tant que produit de la science réelle. Il existe néanmoins quelque chose de similaire, moins puissant et pas aussi mortel, que chacun peut utiliser dans sa vie de tous les jours, c'est le laser.

Le laser est un étroit faisceau de lumière, pratiquement monochromatique, composé d'ondes électromagnétiques de même fréquence, dites cohérentes, ce qui donne un faisceau qui ne s'élargit pas avec la distance et dont la forte luminosité persiste sur tout son parcours, étant donné sa cohérence. Le laser fut inventé dans les années 1958-1960 en plusieurs étapes par Charles Townes, Arthur Schawlow, Théodore Maiman et Gordon Gould. Ce dernier étant le premier à utiliser ce mot, qui est l'acronyme de **L**ight **A**mplification by the **S**timulated **E**mission of **R**adiation. On trouve maintenant de nombreux types de laser qui dépendant beaucoup de leur type d'utilisation pratique par exemple dans les traitements médicaux. Bien que les lasers ne soient pas assez puissants pour être utilisés comme rayon de la mort, ils peuvent être dangereux lorsqu'ils sont dirigés vers des organes sensibles comme les yeux et sont indirectement mortels quand ils sont utilisés comme instrument de visée pour des fusils où des missiles ou d'autres armes dans le but de détruire et de tuer.

Il y a un gadget intéressant utilisé par les personnages de science-fiction, en particulier dans *Star Trek*, c'est un mélange de rayon de la mort et de téléphone portable, réunis dans une boite de la taille d'une montre bracelet et porté justement au poignet. Bien qu'il n'ait jamais été montré ou décrit en détail, cet objet paraît être très efficace puisque ses fonctions, que ce soit téléphone ou émetteur de rayon mortel peuvent être activées par des mouvements simples et inattendus. Nous savons que dans certains cas notre téléphone cellulaire peut être activé par un simple contact sur notre poitrine, cela étant dû à l'extrême miniaturisation de l'appareil. Et divers fabricants proposent des montres connectées avec de très nombreuses fonctions. Voilà bien un exemple d'une invention de la science-fiction qui n'est pas loin de devenir un produit de la science réelle.

XI

Horror vacui

La Nature a horreur du vide comme l'a établi Aristote. Galilée supposait qu'il existait au sein de la matière des micro-espaces de vide assurant le lien entre les particules de matière composant le système. Cette idée étend au domaine microscopique la métaphore qui dit que la Nature a horreur du vide. Le lien si fort entre les particules à l'intérieur de la matière est due à cette *horror vacui*, cette aversion qu'aurait la Nature à générer du vide (voir l'expérience des hémisphères de Magdebourg) L'approche de cette question par Torricelli et Pascal fut plus précise : ils établirent, sur la base d'expériences, que des forces apparaissent dès lors qu'il y a un vide.

Galilée, lui, chercha à mesurer la force générée par le vide avec des expériences spécifiques (en utilisant un piston, par exemple)

Mais qu'entend-on exactement par vide ? La définition la plus évidente, que tout le monde est prêt à accepter, c'est « l'absence de toute chose », définition qu'on reconnaît, a posteriori, comme basée sur la physique classique. Les composants d'un atome étant très petits en comparaison des distances qui les séparent dans l'atome, une vision ancienne des atomes les montrait composés en grande partie d' « espace vide ». Cependant, du point de vue de la physique quantique, cette idée d'un atome composé d'espace vide est fausse. Le volume d'un atome est en fait rempli par les fonctions d'onde de ses électrons. Ces derniers ne sont pas localisés avec précision et donc, même le concept de volume d'un atome n'est pas clairement défini. Il n'est pas exact de dire qu'il y a « surtout de l'espace vide » dans un atome, car les électrons ne peuvent pas être localisés, au sens classique, tant qu'une certaine interaction (par ex. une mesure) les force à occuper une position bien définie.

Le nouveau vide, au sens quantique, n'est pas un vide selon le point de vue classique (non quantique), car il palpite au rythme des ondes et des particules qui créent dans le milieu ambiant (le vide en fait) un type d'énergie, appelée énergie du vide, qui peut être mesurée et traitée.

Le vide est un océan de fluctuations où de paires de particules virtuelles sont continuellement créées et s'annihilent immédiatement devenant de l'énergie pure tant qu'elles ne sont pas « dérangées » par un champ externe. La gravité est un de ces champs, elle attire toutes les formes d'énergie, photons ou particules. Elle peut capturer une des particules d'une paire virtuelle, et empêcher l'annihilation avec son homologue virtuel, celui-ci devenant réel. Cette nouvelle particule est alors libre pour rejoindre d'autres régions de l'espace.

Lorsque ceci se produit, on dit que le vide est polarisé et il s'ensuit que les particules n'ayant pas été capturées produisent un flux d'énergie pouvant être détecté à grande distance. Quand la polarisation du vide est due au champ gravitationnel d'une étoile qui s'effondre ou d'un trou noir, cette émission spécifique est appelée « Radiation de Hawking » du nom du scientifique qui l'a théorisée.

Le vide classique autour des trous noirs, qui sont décrits par les solutions spécifiques des équations d'Einstein proposées par Schwarzshild, Kerr et Kerr&Newmann, est fortement corrélé à l'obscurité de leur horizon des évènements. Si le vide autour de l'horizon est un vide quantique, donc peuplé de paire de particules virtuelles, un traitement quantique des champs dans l'espace-temps courbe nous dit que l'horizon des évènements n'est plus totalement noir, car il y a émission d'une radiation asymptotiquement thermique. Les champs quantiques dans l'espace-temps courbe, ne rendent donc pas si absolu le vide classique prévu comme résultat d'un effondrement gravitationnel. La polarisation du vide induite par la gravité sur l'horizon des évènements nous rappelle la force générée par le vide postulée par Galilée.

Dans un effondrement gravitationnel continu, une masse disparaît dans un trou, laissant un effroyable espace vide et une singularité de courbure au fond de celui-ci. Impossible de faire une description d'une singularité de courbure par la Physique. La Nature déteste ce genre de situation, car aucun endroit de l'Univers ne devrait échapper à ses lois. Le vide à l'intérieur de l'horizon d'un trou noir est donc quelque chose d'indésirable dans l'Univers.

Dans beaucoup d'œuvres de science-fiction qui décrivent les trous noirs, le processus de la traversée du trou est rendu encore plus dramatique par les découvertes qui suivent le bouleversement de la géométrie environnante causé par l'effondrement gravitationnel. Citons, entre autres : l'apparition d'un nouvel Univers, un saut dans le futur, l'émotion de se trouver face à un nœud causal. On appelle nœud causal le moment où un voyageur dans l'espace-temps suivant une trajectoire vers le passé se retrouve dans les conditions d'une violation de causalité.

L'idée que la lumière puisse se propager dans le vide à longtemps été rejetée. On en vint même à postuler, à la fin du 19e siècle, l'existence d'un « éther » luminifère, un milieu permettant la propagation de la lumière. L'éther était, selon Aristote, le cinquième élément, le plus parfait et son existence était un produit de l'*horror vacui.* Puis vint la Relativité spéciale.

Einstein, lui-même, croyait que l'Univers était symétrique dans le temps et l'espace. Il imaginait sur une large échelle un Univers statique et immuable dans le temps. Toutefois Edwin P. Hubble, montra que les galaxies n'étaient pas immobiles et stationnaires ; les distances entre les galaxies n'étaient pas fixes, au contraire, leur distance réciproque augmentait, elles s'éloignaient les unes des autres avec une vitesse augmentant avec la distance. Donc L'Univers ne reste pas identique à lui-même dans le temps, il grossit. On venait de découvrir que l'Univers est en expansion.

C'était si difficile d'accepter un changement si radical de notre vision de l'Univers que des astronomes (Bondi, Hoyle et Gold) proposèrent en 1948 la « Théorie de l'état stationnaire » dans le but de créer un modèle d'Univers stationnaire. Selon cette théorie l'Univers est en expansion mais demeure inchangé dans le temps. Pour arriver à un Univers à la fois stationnaire et en expansion il fallait supposer que de la matière était crée partout dans l'Univers de manière à compenser la dilution due à l'expansion et donc garder constante la densité de matière moyenne. Une des implications nécessaires, mais difficile à accepter, de ce modèle était la génération de matière à partir d'un espace vide !

On appelle milieu interstellaire la matière qui remplit l'espace entre les étoiles. Beaucoup de gens imaginent que l'espace intersidéral est un vide total, ne contenant aucune matière. Bien que les régions interstellaires soient encore plus dépourvues de matière que n'importe quel vide artificiellement créé sur la Terre, on y trouve tout de même de la matière et des radiations, quoique avec une densité extrêmement faible. Il s'agit surtout de gaz (99 %) et de poussières et on estime que 15 % de la matière visible de la Voie Lactée est faite de gaz et poussières interstellaires. Néanmoins, dans beaucoup de récits de science-fiction, on représente l'espace intersidéral comme un vide au sens classique, un environnement hostile et agressif dans lequel les astronautes sont en danger.

Le film *Gravity* d'Alfonso Cuaron, également cité dans le prochain chapitre, en est un exemple. Le film nous montre une double perspective : de la face chaude et éclairée de la Terre jusqu'aux profondeurs des ténèbres de l'espace, du chaos des débris qui flottent au silence du vide.

Dans le livre *2001 l'Odyssée de l'espace* (1968) Arthur C. Clarke écrit :

> Comme tout homme en bonne santé et bien entraîné, il aurait pu survivre au moins une minute dans le vide s'il avait eu le temps de s'y préparer. Mais là, le temps il ne l'avait pas eu ; il pouvait juste compter sur les quinze secondes normales de conscience avant que son cerveau soit atteint et que l'anoxie l'emporte. Même dans ce cas, il lui aurait été possible de retrouver toutes ses facultés après une minute ou deux dans le vide si on le recompressait correctement ; cela prit du temps pour que les fluides corporels se mettent à bouillir, à l'intérieur de leurs divers systèmes bien protégés.

Une nouvelle d'Arthur C. Clarke, *Take a deep breath*, a été fortement critiquée, car elle suggère que l'homme peut survivre dans le vide. Dans la science-fiction, l'exposition au vide spatial est souvent utilisée comme méthode d'exécution, habituellement accomplie en éjectant le sujet par le sas d'un vaisseau ou d'une station spatiale sans combinaison adéquate. Cette méthode est également utilisée pour se débarrasser des ennemis, généralement en les bloquant dans un sas ou un endroit type hangar et en les expédiant dans l'espace en ouvrant le sas ou même une fenêtre ou un hublot se trouvant à proximité de celui ou ceux dont on veut se débarrasser. C'est la méthode utilisée par Ellen Ripley (jouée par Sigourney Weaver) pour disposer des créatures dans le film *Alien* en 1979, un classique, et dans la suite, *Aliens* en 1986.

Le vide est ainsi utilisé comme une arme redoutable contre les ennemis, mais aussi comme une source de danger pour les humains quand il est vu comme vecteur de transmission, par exemple quand il transporte une bactérie mortelle sur la Terre. Il peut tout aussi bien être le véhicule de phénomènes positifs tels que la vie, si on se réfère à l'hypothèse de la panspermie.

On trouve dans la science-fiction toutes les caractéristiques du vide possibles. Dans le livre *The Fog*, de l'écrivain anglais James Herbert, le vide est rempli d'un brouillard qui cache des lépreux repoussants ; ailleurs c'est un fluide, le Blob, qui envahit tous les espaces vides de la Terre, en tuant tout le monde.

Les sons de la Terre lointaine est une nouvelle de science-fiction d'Arthur C. Clarke. La nouvelle raconte l'histoire d'une utopique colonie humaine qui, dans un futur lointain, reçoit la visite de voyageurs venant de la Terre, condamnée à la disparition, le Soleil s'étant transformé en Nova à la suite d'une série d'explosions et rendu visible à de grandes distances.

Les sons de la Terre lointaine aborde les sujets des effets d'un voyage intersidéral de longue durée et de la vie extra-terrestre. Elle est située dans les années 3800 et se déroule presque entièrement sur une lointaine planète océanique appelée Thalassa. Thalassa est peuplée d'une petite population humaine arrivée là grâce à une navette contenant des embryons, une des nombreuses envoyées de la Terre dans le but de sauver la race humaine avant que la Terre soit détruite. Dans ses commentaires sur le livre, Clarke explique avoir utilisé l'idée de l'usage de l'énergie du vide pour propulser un vaisseau spatial, une technologie scientifiquement faisable mais hautement futuriste.

Alors que la production et le stockage d'une énorme quantité d'énergie est difficile mais réalisable, au lieu de produire la poussée par une énergie puisée dans un réservoir rendu possible par de nouvelles technologies, on pourrait utiliser l'énergie disponible « en chemin », soit dans l'Espace entourant le vaisseau spatial. Comme nous l'avons dit précedemment cette possibilité a été récemment expérimentée avec succès par la NASA. L'énergie est produite, dans ce cas, par les particules quantiques virtuelles mises en jeu dans les fluctuations quantiques. Ces particules ont une durée de vie très courte, et le procédé est de les capturer et de las transformer en plasma avant qu'elles se recombinent pour clore la fluctuation.

Ce procédé a été testé avec des résultats positifs et il reste une des plus fascinantes possibilités de développement pour le voyage spatial, justifiant ainsi les innombrables récits de science-fiction où l'on voit des engins dont la source de carburant est inépuisable.

XII

Les déchets cosmiques

Les déchets cosmiques sont une conséquence inévitable de la course incontrôlée pour occuper des portions de l'espace qui entoure la Terre, course qui ressemble à celle des pionniers anxieux d'occuper la meilleure terre dans les espaces presque infinis des territoires de l'Ouest américain. Le rôle des chariots de ce temps-là est joué aujourd'hui par les satellites artificiels et, comme il en était alors, on considère que l'espace autour de la Terre n'est à personne au lieu d'être à tout le monde. Les satellites artificiels, à usage civil ou militaire, continuent à tourner en orbite autour de la Terre après la fin du programme de leur mission et restent là comme témoins muets des avancées de la technologie spatiale. Certains de ces satellites en orbite subissent le frottement de la haute atmosphère et perdent de l'altitude pour entrer dans les couches plus denses où ils sont réduits en pièces. Celles-ci restent en orbite, de petits déchets devenant des projectiles se déplaçant à très grande vitesse.

On pense généralement que la Terre est entourée par un nuage de poussière dont une partie arrive, filtrée par l'atmosphère, sur notre sol et dans les océans. Cependant, ce qui est le plus dangereux dans l'espace qui nous entoure ce sont les rayons cosmiques et les déchets. Ces derniers ne sont pas juste des particules élémentaires telles que rayons gamma, électrons, protons, particules alpha, etc., mais des corps solides macroscopiques capables d'endommager gravement toutes structure qu'ils percutent. La densité de ces composants hostiles de notre espace proche est considérée suffisamment faible pour qu'on puisse penser qu'une collision est actuellement peu probable. Pourtant ces collisions se produisent, spécialement avec les morceaux les plus petits de ces déchets comme on a pu en déduire des impacts relevés sur la surface des engins spatiaux rentrés sur Terre, par exemple les navettes spatiales. Le fait que la probabilité de collision avec des morceaux plus gros de ces déchets errants ne soit pas négligeable permet à la science-fiction de décrire les conséquences d'un choc supposé avec un astronaute lors d'une sortie dans l'espace.

Les conséquences réelles d'un tel accident justifient des recherches poussées sur leurs effets et les moyens d'arriver à une protection plus efficace. C'est le but d'un projet développé par un groupe d'ingénierie spatiale de l'Université de Padoue dirigé par le Professeur Angrilli[166]. Dans leur laboratoire ils projettent des fragments de matériaux divers, de dimensions variées, sur des cibles, elles-mêmes faites de matériaux divers et d'épaisseurs différentes dans le but d'optimiser la capacité de protection.

Il est clair que les astronautes devant sortir de leur vaisseau spatial pour une expérience ou pour une réparation ont besoin d'un « vêtement » qui les protège mais qui leur permet de se mouvoir aisément. Le problème n'est effectivement pas simple à résoudre pour la science.

L'Agence Européenne de l'Espace (E.S.A.), avec son initiative Clean Space, porte désormais beaucoup plus d'attention aux impacts environnementaux de ses activités, sur la Terre et dans l'Espace. Le consortium européen Clean Space a le projet d'utiliser la technologie laser pour nettoyer les déchets spatiaux. Le concept de Clean Space se sert d'un faisceau d'énergie laser dirigée depuis la Terre vers des objets dans l'Espace pour modifier leur orbite et les

---

[16] F. Angrilli, D. Favarin, A. Francesconi Project *Light Gas Gun* CISAS University of Padova Italy.

forcer à rentrer dans l'atmosphère. Le nombre de débris en orbite basse autour de la Terre augmente de manière exponentielle avec les collisions inter débris potentielles. Il semble qu'il n'y ait pas de solution valable pour se protéger des débris de taille moyenne (entre 1 cm et quelques dizaines de cm). C'est pourquoi l'activité de la recherche et de la technologie dans ce domaine sont désormais une pierre angulaire pour la politique spatiale européenne visant à protéger les satellites et les lanceurs européens.

Le film *Gravity* (2014) mis en scène par Alfonso Cuaron raconte une histoire basée sur les effets dramatiques d'une collision entre un déchet spatial et des astronautes occupés à une mission en dehors d'une station spatiale. Bien que l'histoire racontée dans le film soit purement imaginaire, les situations sont montrées de manière très réaliste. Nous sommes ici dans le cas particulier où la science-fiction ne suggère pas d'avancée de la science réelle puisqu'elle en utilise les résultats actuels mais pourrait suggérer un moyen possible de se sortir des situations décrites. Résoudre le problème des déchets cosmiques demande en soi une avancée de la technologie spatiale telle que concevoir un « balai de l'Espace ». C'est une tâche aussi difficile que celle de nettoyer les océans de toute la pollution causée par l'activité humaine. Dans les deux cas on se trouve face à une tâche apparemment insurmontable. L'imagination pourra peut-être nous indiquer un chemin plus efficace que la science réelle.

XIII

Les pensées flottantes

Nous devons ici évoquer le souvenir d'un scientifique, Henri Poincaré, et d'un psychologue Wilfred Bion[17], qui soutenaient l'idée qu'une nouvelle pensée pouvait être « à l'entour » avant qu'elle soit recueillie par un scientifique (ou, plus généralement, par un penseur) et soit élaborée dans son inconscient avant d'être libérée, de faire surface dans le niveau de rationalité et d'être communiquée.

Henri Poincaré était très intéressé par le fonctionnement de l'esprit. En 1908, il donna quelques leçons à l'Institut de psychologie de Paris.

Selon Poincaré l'inconscient (le moi subliminal) a un rôle fondamental dans l'élaboration des théories scientifiques Poincaré fait même l'hypothèse que ce rôle est même plus grand que celui du moi conscient. D'après lui les processus subliminaux ont du tact et de la délicatesse, ils ont aussi plus de liberté et de créativité :

> Le moi inconscient, ou, subliminal, joue un grand comme on dit, le moi rôle dans l'invention mathématique. [...] Il n'est nullement inférieur au moi conscient ; il n'est pas purement automatique, il est capable de discernement, il a du tact et de la délicatesse ; il sait choisir, il sait deviner. [...] il sait mieux deviner que le moi conscient, puisqu'il réussit là où celui-ci avait échoué.

Ces processus subliminaux sont donc ceux qui produisent les nouveaux objets de la science, parce qu'ils ont

---

[17] Bion, W.R. (1970), *Attention and Interpretation*, London : Tavistock.

une liberté que les processus conscients n'ont pas. Et c'est ce genre de démarche libre qui peut envisager une vue nouvelle d'un vieux concept. Est-ce-que cette vue nouvelle peut aussi provenir du réservoir de suggestions de la science-fiction ?

La théorie de la connaissance de Wilfred Bion inverse l'idée que la pensée est produite en pensant : les pensées liées à une vérité sont là avant le penseur et sont indépendantes. Chacun de nous doit développer son esprit comme un outil à penser les pensées. D'après Bion[18] tous les processus de la connaissance sont développés dans un premier temps sous forme d'élaborations inconscientes. Qui plus est, il a aussi mis en évidence le fait que tout le développement mental de l'homme vient de l'inconscient. Pas à travers les dynamiques internes de la pensée, comme le disait Freud, mais par des processus dont l'origine est le contact avec la réalité. Chaque individu se développe en apprenant et les différences entre les différentes personnes peuvent être interprétées comme des différences dans le mode d'apprentissage, non que l'expérience de la réalité soit différente, mais que la formulation inconsciente de l'expérience est différente.

Dans ses ultimes travaux, Bion définira la vérité comme une pensée sans penseur. Il se peut donc que des indices non élaborés se trouvent autour de celui qui pense sans être en contact avec lui. On entrevoit la possibilité que de nouvelles idées, sur la nature ou sur la technologie, puissent flotter à l'entour et générer des scénarios de science-fiction aussi bien que des intuitions scientifiques et qu'une osmose entre ces deux réservoirs puisse être productive, au moins au niveau inconscient.

Jung dit :

---

[18] Bion, W.R. (1962) *Learning from experience*, Maresfield Library, UK.

> La restriction à une réalité matérielle enlève au tout universel une énorme partie, mais toujours seulement une partie, créant ainsi une zone sombre qu'il faudrait nommer irréel ou surréel.[19]

Selon Thomas Kuhn, lorsqu'une révolution scientifique s'est accomplie, les scientifiques considèrent différemment leur champ de recherche, puisque, pour atteindre leur but, ils ont changé de méthodes et de buts. Guidés par un nouveau paradigme, ils adoptent de nouveaux outils et ils regardent dans de nouvelles directions ; mais la chose la plus importante est que, pendant et après une révolution scientifique ils voient de nouvelles choses même quand ils regardent avec les mêmes outils traditionnels dans les directions où ils regardaient avant. C'est la création de nouveaux concepts qui fait changer la vision du monde. Et donc, même en voyant les mêmes choses, la vision est différente. On abandonne les vieux schémas mentaux pour voir les choses différemment : les vieilles choses sont assemblées, bricolées d'une façon nouvelle, avec une signification différente. Et à la fin, ce qui est « vrai », ce que Bion appelle *la pensée sans penseur,* qui flottait à l'entour, est retenu par le cerveau du scientifique.

Un autre mécanisme dont il faut tenir compte quand on examine comment se déroule la production d'une nouvelle théorie, c'est comment notre idée de la nature peur influencer l'image de nous-mêmes et vice versa. Il faut bien voir que l'image que nous avons de la nature humaine et l'image que nous avons de notre monde sont des points de vue qui peuvent dépendre de paradigmes littéraires ou scientifiques. Considérons quelques exemples.

Dans quelle mesure la vision héliocentrique de Copernic était-elle entravée par la vision religieuse ? Nous ne nous référons pas à la cosmologie de Ptolémée, mais à la

[19] C. Jung, cité dans Carotenuto, *L'ultima medusa. Psicologia della fantascienza*, Boompiani 2001.

vision de l'homme du Moyen Âge supposé être sauvé par le Fils de Dieu. Pour cela Dieu avait envoyé son Fils sur la Terre, mais alors comment se peut-il que cet endroit de l'Univers, appelé la Terre, soit un petit corps périphérique dans un système héliocentrique ? Étant au centre des préoccupations de Dieu, la Terre doit donc elle-même se trouver au centre de l'Univers. Et donc le blasphème n'est pas que la Terre soit mobile, mais que Dieu ait pu envoyer son Fils dans un endroit aussi marginal.

La vision héliocentrique modifia l'atmosphère philosophique non par ce qu'elle exprimait explicitement et ses arguments scientifiques, mais par les nouvelles hypothèses, qui mettaient sérieusement en danger les fondements de la philosophie du Moyen Âge. Et la *résistance à la nouveauté* fit que cette vision qui changea le monde, basée sur l'héliocentrisme de Copernic, ne put s'affirmer qu'un siècle plus tard, avec sa reformulation par Kepler qui développa totalement les hypothèses implicites contenues dans la théorie de Copernic, auxquelles celui-ci n'avait pas osé faire face. Par exemple, le concept d'un Univers infini sans sphères cristallines le renfermant.

Plus récemment, un nouveau concept, celui d'un Univers en évolution, changea notre vision de nous-mêmes. Avant la découverte de l'expansion de l'Univers, Einstein était sûr que l'Univers devait être symétrique dans l'espace et le temps. Pour tout dire, il souhaitait qu'à grande échelle l'Univers soit statique, invariable avec le temps.

Toutefois, les observations de Hubble montraient que l'Univers était sans limite spatiale et peuplé de galaxies et donc on crut d'abord que cet Univers, bien qu'infini, était stationnaire, conservant son contenu et sa forme toujours les mêmes. Une telle vision impliquait naturellement l'absence d'une origine et d'une fin à l'Univers.

Mais Hubble avait aussi montré que les galaxies n'étaient pas immobiles et que les distances entre elles n'étaient pas fixes. Au contraire, elles s'éloignent les unes des autres avec une vitesse qui augmente avec la distance. L'Univers ne reste donc pas inchangé avec le temps, il se dilate comme le fait un ballon que l'on gonfle. Il évolue, il a un âge, il est peut-être né et il pourrait mourir !

Cette image de l'Univers, que les observations nous donnent avec une précision de plus en plus grande, posait des nouvelles questions. Quand est-il né ? Que se passera-t-il à sa mort ? Dans quel espace est-il en expansion ?

C'était si difficile d'accepter un changement si radical de notre idée de l'Univers que certains astronomes proposèrent en 1948 la « Théorie de l'état stationnaire » proposant un modèle d'Univers stationnaire. Selon cette théorie, l'Univers est bien en expansion, mais il demeure inchangé avec le temps. La seule manière de parvenir à un Univers en expansion mais stationnaire était de supposer que de la matière était crée dans tout l'Univers compensant la dilution due à l'expansion et conservant ainsi une densité moyenne constante. Et donc, pour éviter un Univers qui change, les tenants de la théorie de l'état stationnaire ajoutaient une hypothèse encore plus difficile à soutenir, à savoir une création spontanée de matière. C'est un bon exemple de la résistance que les scientifiques peuvent opposer à une nouvelle théorie. Mais à la fin, l'Univers en évolution fut le paradigme vainqueur, grâce à de nouvelles observations comme la radiation de fond cosmique, la nucléosynthèse primordiale, l'évolution des galaxies, tous ces faits ne pouvant être expliqués dans un Univers stationnaire. Même un grand scientifique comme Einstein était réticent à abandonner l'idée d'un Univers statique et pour la conserver il essaya de manipuler ses équations en ajoutant une constante dite « constante cosmologique ». Mais les évidences des observations le forcèrent à accepter l'idée d'un Univers en expansion et, encore plus frappant, d'une explosion initiale appelée Big Bang. Et cela encouragea les scientifiques à développer des solutions cosmologiques aux équations d'Einstein, décrivant un tel Univers en expansion.

Ce paradigme de l'Univers en expansion fournit un nouveau concept du temps et une nouvelle histoire du monde. Nous faisons partie d'un Univers en évolution et son histoire n'est pas celle de la Bible. Le temps n'est plus celui de Newton qui s'écoule depuis toujours de façon homogène. Le temps est créé pour marquer les changements, qui sont une caractéristique de base de la réalité universelle, depuis leurs débuts, lors du Big Bang.

Le temps n'est donc plus la force d'entraînement qui permet à un événement de se produire, mais c'est en fait un événement particulier, le Big Bang, qui permet au temps de commencer. Il y a une idée de création par soi-même dans cette nouvelle Cosmologie, celle d'un Univers qui se crée lui-même à chaque instant.

L'idée d'un Univers en évolution, en contradiction avec les idées de l'époque, apparut dans la littérature de fiction exactement 100 ans avant la théorie de l'Univers stationnaire. On la trouve proposée dans le poème en prose *Eurêka* écrit par Edgar Allan Poe. En février 1848 Poe fit une lecture à la Society Library de New York avec pour titre *On the Cosmogony of the Universe. Eurêka* est un développement de cette lecture.

Le poème fut apprécié par des écrivains tels que Baudelaire et Valéry, mais n'eut jamais de succès populaire[20].

L'idée d'un Univers qui n'est plus éternel et stationnaire, contenue dans ce texte, donne une nouvelle perspective sur la vision habituelle de l'homme : un nouvel humanisme naît qui suit le concept d'un « homme en évolution » qui dépasse celui d'un homme absolu. En fait,

---

20 Voir Edgar Allan Poe's Physical Cosmology par Cappi, A ; *Quarterly Journal of the Royal Astronomical Society*, vol.35, p.177-192.

à sa naissance, l'homme est incomplet, mais il se crée lui-même au fil du temps en se construisant. Cette nouvelle conception est anticipée dans l'imaginaire de la science-fiction aussi, dans les mythes de Frankenstein et du Golem, par exemple.

Pendant des siècles, la science a considéré notre existence dans l'Univers comme un fait marginal. La physique nouvelle et la nouvelle cosmologie paraissent offrir un point de vue différent où l'intelligence et la conscience sont considérées comme des caractéristiques fondamentales dans l'Univers où nous vivons (par ex. le principe anthropique). Le fossé de Descartes entre *res cogitans* et *res extensa* est dépassé. L'astrophysicien James Jeans dit :

> Les concepts qui désormais sont fondamentaux pour notre compréhension de la nature sont à mon avis des structures de pensée pure[21]

et aussi :

> aujourd'hui il est bien connu et accepté par le côté physique de la science que le flot de la connaissance pointe vers une réalité non-mécanique ; l'Univers commence à ressembler plus à une grande pensée qu'à une grande machine. L'esprit n'apparaît plus être un intrus accidentel dans le domaine de la matière.[22]

Dans cette vision d'un Univers où il est tenu compte de la pensée et de la conscience, il faut reconnaître les suggestions qui nous viennent de la science-fiction (pensons de nouveau à *Solaris*) comme étant moins hérétiques que naguère.

---

[21] James Jeans cité par Koestler, *Les somnambules*, Les belles Lettres, Paris, 2010.

[22] James Jeans, cité dans Koestler (2010), ibid.

XIV

La métaphore du flux du temps

Le concept du temps naît naturellement avec la perception, commune à chacun, d'une réalité qui change continuellement. Le monde physique montre en toutes circonstances, et en tout point de vue, un caractère dynamique qui se manifeste par une évolution continue d'états connectés entre eux d'une façon causale. Le temps est un paramètre qui classe ces différents états selon une séquence ordonnée appelée « évolution temporelle ».

La persistance de cette propriété de la Nature, quel que soit l'aspect de la réalité considéré – des structures les plus élémentaires aux plus complexes, de l'échelle microscopique jusqu'à l'Univers tout entier – nous inciterait à croire que l'existence du temps et son écoulement continu devrait être considérée comme une propriété absolue du monde physique.

En dehors de cette particularité, la mesure des intervalles de temps dépend des conditions de mesure ; des observateurs différents, en fait, mesurent sur leurs propres montres un chronométrage différent de celui de tous les autres. Le temps est une dimension du monde physique, il aide à établir les relations entre ses constituants aussi bien que les trois dimensions spatiales.

Le flux du temps est une conception métaphorique du temps considéré comme s'il était un courant d'eau. Dans *Brave New Words : The Oxford Dictionary of Science Fiction* [23], le terme flux du temps est défini comme : « la série

[23] Oxford University Press 2007.

de tous les événements depuis le passé jusqu'au futur ». Le flux du temps est l'écoulement du temps avec ses développements historiques. Le concept du flux du temps et la possibilité d'y voyager, à l'intérieur ou autour de lui, sont des ingrédients importants d'un certain type de science-fiction.

L'image du temps comme un courant de liquide fait sens de plusieurs façons :

Le courant ne va que dans un sens, comme le temps

Le courant ne s'arrête jamais, le temps aussi s'écoule constamment

Le courant nous emporte au fil de l'eau, nous vivons et nous déplaçons au fil du temps

Les courants peuvent confluer et diverger, des auteurs de science-fiction (et certains physiciens) ont imaginé que le temps pouvait se diviser dans des univers alternatifs

Andrew Sawyer[24], un spécialiste de la science-fiction écrit :

> Les paradoxes du temps – nous déplaçons-nous dans le temps ou est-ce nous qui le déplaçons ? Existe-t-il ou est-il seulement une illusion de notre perception limitée ? – sont des puzzles pratiqués aussi bien par les physiciens que par les philosophes…

La métaphore du flux temporel est analysée dans le roman de John Taine *The Time Stream* (1946) [traduction française parue en 1957 sous le titre *Le flot du temps*]. E.F.Bleiler, autre spécialiste de la science-fiction explique comment Taine décrit la métaphore :

> Le concept de base est que le temps est un flux circulaire qui s'écoule éternellement, le passé lointain se mélangeant avec le futur lointain. Certaines personnes peuvent entrer mentalement dans ce flux et se déplacer dans les deux directions, mais

---

24 A. Sawyer (2005) dans *The Greenwood Encyclopedia of Science Fiction and Fantasy: Themes, Works, and Wonders* Vol.1., Westport, CT: Greenwood Press, p. 818.

l'entreprise est risquée, car ils peuvent être entraînés par le flux de façon erratique.

À San Francisco, neuf personnages, tous troublés par des souvenirs épisodiques d'une planète appelée Éos, s'associent pour explorer le flot du temps. Ils traversent des moments de crise dans chacun des deux temps.[25]

Un autre roman des années 50 utilise le concept de flux temporel : *The Ship that Sailed the Time Stream* (1965) de G.C.Edmonson. Le critique John Clute écrit que ce livre et sa suite *To Sail the Century Sea* (1985) sont des récits de voyage fantastique amusants et descriptifs qui mettent en scène un navire de l'US Navy et son équipage voyageant dans le temps sans en avoir conscience. Ce sont les livres les plus connus de l'auteur.

On trouve le terme « stream » (flux) dans divers autres titres. Citons *Time Streams* de J.Robert King (1999), *The Nomad of the Time Streams* de Michael Moorcock (1993), la nouvelle de Charles M. Spalak *Backwater by the Time Stream* (1993).

L'astronomie et la cosmologie modernes sont des exemples de sciences ayant abandonné la centralité de l'homme en faveur d'une perspective où l'homme est projeté dans un espace neutre et dans un flux temporel. En fait, astronomie et cosmologie sont des branches de la Physique, elles nous mettent continuellement en contact avec une réalité qui est profondément « historique et évolutive ». Le phénomène observé et la réalité de la cosmologie sont fortement caractérisés par un flux temporel. Un physicien atomique peut ignorer l'histoire de la chose réelle dont il étudie en détail le modèle, mais un cosmologiste doit toujours tenir compte de l'histoire ou de

---

25 E. Bleiler, and R. J. Bleiler (1998). *Story Descriptions. Science-Fiction: The Gernsback Years: a CompleteCoverage of the Genre Magazines Amazing, Astounding, Wonder, and Others from 1926 through 1936* Kent, Ohio:Kent State University Press. p. 426.

l'évolution du phénomène qu'il traite. C'est pourquoi les astronomes et les cosmologistes sont obligés de prendre en compte le rôle de la dimension historique dans les sciences de la Nature et non uniquement dans l'évolution des idées ou des peuples ; cela signifie penser en termes d'une histoire naturelle qui relie entre elles la cosmologie, la biologie et les sciences historiques. Avec une telle ouverture structurelle, la cosmologie, suggère une conception de l'homme comme un être qui flotte dans un « flux temporel ouvert », il est donc plus facile à cet homme d'avoir une position critique face à une *conception pétrifiée de la Nature*[26]

Le concept d'Éternité est un concept basique de la cosmologie, il est fermement lié au comportement temporel d'un modèle cosmologique. Un système physique est appelé « Éternel » quand le paramètre temps, soit une coordonnée ou un temps physique relatif à chaque observateur donné, va de moins l'infini à plus l'infini de manière continue.

On ne peut donc, clairement, qualifier un système physique d'éternel que s'il est placé et évolue dans un Univers éternel. Notre Univers, toutefois, n'est pas éternel, il a une origine d'une évidence incontestable, le Big Bang, point de départ de tous les concepts physiques. Le concept de Big Bang est la métaphore la plus populaire pour décrire la mère de tous les effets physiques, l'origine de l'Univers !

Nous ne savons toujours pas comment est né l'Univers, mais nous savons par les données de l'astrophysique qu'à l'origine il était très chaud et compressé à l'intérieur d'une singularité de courbure qu'on nomme singularité cosmologique. Il est bien connu que l'Univers n'avait qu'une seule liberté, l'expansion et de le faire en effet avec une telle violence que 14 milliards d'années plus tard il subisse encore une expansion

[26] Engels F. *Dialectique de la Nature*, Éditions sociales, Paris, 1968.

accélérée. Ceci est exprimé par le terme « Bang », alors que le terme « Big », quoique simple, exprime la particularité du phénomène, en soulignant le manque d'informations sur cet événement cosmique.

Dans le conte *Tout en un point* (Tutto in un punto) qui fait partie de *Cosmicomics* d'Italo Calvino, on peut lire une description imaginaire et ironique de l'Univers au temps du Big Bang, où il imagine une région du big bang totalement surpeuplée.

Calvino décrit ainsi les relations entre les gens habitant un endroit aussi densément peuplé où les mentalités étroites se développent, générant rumeurs et racisme. Cette situation particulière est la métaphore d'une situation psychologique.

Le temps s'écoule différemment en fonction de l'observateur qui le mesure. Toutefois, il est établi que le temps marque les changements survenus dans le monde physique lors de la répétition régulière d'un certain événement. Le mécanisme qui fournit cette répétition est appelé « horloge », et l'existence d'une horloge certifie l'existence du temps. L'évolution temporelle d'un système est plus ou moins rapide par rapport à une vitesse d'horloge prédéterminée ; nous disons donc, que le système se déplace sur l'axe du temps avec une vitesse donnée, appelée vitesse du temps, respectivement à chaque observateur donné. Cette vitesse peut atteindre son maximum possible, égal à la constante de Maxwell, c, si le système a toutes ses vitesses spatiales égales à zéro, alors qu'elle peut être de zéro si le système n'a pas de masse. Dans ce cas, il ne subit aucun changement et il est impossible de faire la différence entre un instant et un intervalle de temps infini. L'éternité est donc un concept relatif et le besoin de réfléchir à son essence est sûrement l'implication la plus intrigante de la Relativité Générale.

Cette nature non-éternelle de notre Univers peut affecter de nombreuses considérations philosophiques dont le flux du temps, elle incite à rechercher une nouvelle « source » d'éternité, en introduisant par exemple le concept de « Multivers »

Un Multivers est un concept visionnaire impliquant l'existence d'un Univers principal ponctué d'un nombre infini d'univers « locaux » qui évoluent en fonction de lois pouvant être aléatoires de l'un à l'autre. Ils peuvent avoir un début et une fin avec un degré d'arbitraire très élevé, mais ils sont innombrables, et donc ce super Univers est éternel.

On n'a pas encore éclairci comment ces univers locaux interagissent entre eux, et donc aucune prédictions sur leur évolution n'est assurée ; ce qui fait que la théorie du Multivers, bien que ne pouvant être réfutée, reste d'une portée limitée pour la Physique.

Même si nous décidons que notre Univers est éternel et acceptons qu'il soit gouverné par les lois de la Relativité Générale, nous nous trouvons en face de situations qui nous forcent à conclure que cette éternité « locale » est un concept relatif contraire au sens commun.

La source de cette contradiction tient dans l'existence des trous noirs. Il s'est fait maintenant un large consensus au sujet de leur existence, comme étant le résultat d'un effondrement gravitationnel continu d'étoiles géantes ou de noyaux galactiques, dans tous les cas beaucoup plus massifs que notre Soleil. Une conséquence nécessaire de ce consensus est que l'on doit accepter toutes les incongruités induites par les trous noirs.

Les plus intrigants de ces effets sont dus à la dilatation du temps due à la relativité selon la théorie de la Relativité Générale. Aussi plaçons-nous dans l'optique de celle-ci et observons.

Il existe des familles d'orbites au voisinage du trou noir qui, pour des observateurs locaux, prennent une valeur négligeable de temps physique pour tomber dans le trou, soit disparaître de son horizon des événements. Le même phénomène serait vu, par contre, comme se déroulant dans un intervalle de temps infini pour des groupes d'observateurs différents qui seraient situés à des distances asymptotiques (c'est-à-dire très éloignées) du trou noir.

L'effet inverse existe aussi. Pour le comprendre, toujours en se plaçant dans l'optique de la Relativité Générale, il faut considérer les propriétés de l'espace-temps près de la singularité de courbure existant à l'intérieur d'un trou noir, qui peuvent être rendues visible à des distances asymptotiques si l'effondrement gravitationnel ne produit aucun horizon des événements. Près d'une singularité de courbure, il existe des orbites où la coordonnée locale du temps est constante. Par conséquent, des orbites spatiales circulaires avec une coordonnée temps constante enverront des signaux qui, bien qu'ils transportent l'information d'un événement d'une durée arbitrairement longue, seront tous détectés comme un seul instant de la coordonnée temps locale.

En termes plus simples, on voit donc que des événements peuvent être d'une durée infinie pour certains observateurs donnés, mais finie, et même d'un instant très bref, pour d'autres observateurs. Ce fait caractérise donc la nature relative de l'éternité alors qu'on s'attendrait à son caractère absolu. Tout est relatif, même l'Éternité.

L'Éternité stimule l'imagination des auteurs mais aussi les considérations philosophiques. Par exemple, le roman d'Isaac Asimov *The End of Eternity* (La fin de l'Éternité) fut publié en 1955. « L'Éternité » est le nom d'une organisation isolée du monde temporel et en dehors du temps, constituée d'humains appelés «Éternels» recrutés à diverses époques de l'histoire de l'humanité. Les Éternels sont capables de voyager dans le temps, passé et futur, et peuvent entrer dans le monde temporel conventionnel en un quelconque point ou lieu, depuis la création de l'Éternité jusqu'à une section très lointaine du futur à laquelle ils n'ont, mystérieusement, pas accès. Ils forment une sorte de corps de gardiens platoniques effectuant des actions stratégiques planifiées, des « changements de la réalité » dans le monde temporel dans le but d'améliorer la condition humaine. Pendant que se déroule l'intrigue, les Éternels ressentent un inexprimable sentiment de culpabilité collective et sont aussi troublés par le fait, déjà mentionné, qu'au-delà d'un certain point du futur ils ne peuvent plus voyager dans le temps. Ce sont les « siècles cachés ». Le héros, Andrew Harlan est lui-même confronté à un paradoxe ontologique. Il a pour mission de garantir la création de l'Éternité en envoyant un jeune Éternel dans le passé avec les connaissances mathématiques rendant possible cette création. Pour lui simplifier la tâche, ses supérieurs donnent à Harlan la possibilité d'étudier la « préhistoire », avant la création de l'Éternité, où les changements ne sont pas possibles. Dans ce roman on retrouve la description des problèmes de liberté, libre arbitre et violation de causalité que pose le voyage dans le temps.

Au sujet des univers parallèles, Brian Stapleford et David Langford ont écrit :

Un univers parallèle est un autre univers situé « à côté » du nôtre, déplacé le long d'une quatrième dimension spatiale (les mondes parallèles sont souvent renvoyés à « d'autres dimensions »). Bien que d'autres univers entiers pourraient être parallèles, dans ce sens, beaucoup de récits se focalisent sur des Terres parallèles. L'existence d'un monde parallèle fournit un cadre propice à l'idée d'Histoire alternative, elle est souvent utilisée dans ce contexte.

L'idée que d'autres mondes existent parallèlement au nôtre et s'y connectent occasionnellement est une des plus vielles idées spéculatives de la littérature et des légendes ; les exemples vont du Monde des fées au Plan astral des Spiritualistes et des mystiques. Ce sont deux thèmes basiques habituels liés à cette notion. Dans le premier, un humain ordinaire est transporté dans un monde merveilleux où, il ou elle, vit des aventures, trouve amour et richesse qu'il conserve à son retour sur Terre. Dans le second une communication ou une visite venue d'un autre monde change la vie d'un individu dans notre monde.

Cette idée d'univers parallèles conçus comme identiques mais situés très loin dans le temps fut traitée brillamment par l'écrivain britannique Olaf Stapledon dans son roman *Last and First Men : A Story of the Near and Far Future* (Les derniers et les premiers) paru en 1930. Le roman décrit l'histoire de l'humanité pour les deux milliards d'années à venir et dix-huit espèces humaines différentes dont nous serions la première. L'Histoire, selon Stapledon suit un cycle répétitif, avec nombre de civilisations qui naissent, se développent et finissent par retourner à la sauvagerie, ceci sur des millions d'années. L'idée de progrès est également développée, les dernières civilisations atteignant des niveaux beaucoup plus élevés que les premières. Le livre prédit l'arrivée du génie génétique et on y trouve pour la première fois l'idée, fictive, de « supermind » (pensée supra-mentale) : une pensée composée de nombreux individus reliés par télépathie. Cette idée de pensée collective, par son côté spécifique, intéresse particulièrement les auteurs de science-fiction. Le livre fut salué avec enthousiasme par la critique à sa parution ; les ouvrages de Stapledon influencèrent directement des auteurs tels qu'Arthur C. Clarke, Brian Aldiss et Stanislaw Lem.

En 1960 paraît le roman *Flesh* (titre français : Une bourrée pastorale) de Philip José Farmer, qui raconte l'odyssée d'un groupe d'astronautes, commandés par Peter Stagg, quittant la Terre au 21e siècle. Ils retournent sur la Terre huit cents ans plus tard en 2860, et sortent de la catalepsie qui les a protégés. Ils trouvent un monde habité par des païens où le paysage est rocailleux et brûlant, sauf une région très fertile située sur la côte est de ce qui furent les États-Unis d'Amérique.

La nouvelle d'Isaac Asimov *The Ugly Little Boy* (L'affreux petit garçon) (1958) est un classique de la science-fiction, une histoire très émouvante montrant ce qui peut arriver quand le passé et le présent entrent en collision. Elle se situe dans une période indéterminée du futur où les hommes ont développé la possibilité d'aller dans le passé et d'en rapporter de la matière pour l'étudier. Quand la Stasis Technologies Ltd. ramène un enfant néandertalien de sa toundra préhistorique, la communauté scientifique n'a aucune idée de ce que peut ressentir cette créature humaine. La nourrice qui a été engagée, Miss Fellowes, est obligée de faire un saut de 40 000 ans pour forger un lien émotionnel qui transcende le temps. Elle en vient à avoir besoin de Timmy autant qu'il a besoin et qu'il dépend d'elle, et l'émotion de ce livre vous tire des larmes. Quand Miss Fellowes apprend la décision d'arrêter « l'expérience Timmy », elle décide de faire le voyage de retour dans le temps avec « l'enfant singe » pour rejoindre sa tribu à l'aube de la civilisation.

Dans tous les romans que nous venons de citer, le temps joue un rôle clé. Il est le véritable moteur de l'histoire.

Nous avons déjà mentionné combien la communauté scientifique fut réticente à accepter un Univers en évolution, même après la découverte de l'expansion de l'Univers. Newton, Einstein, Bondi, Gold et Hoyle voulaient un Univers éternel qui resterait toujours inchangé. Newton concevait un espace inerte infini et un temps absolu et éternel, essentiel pour formuler la dynamique newtonienne. Einstein n'avait pas besoin de ces ingrédients pour ses théories, mais il était un fervent promoteur de l'idée d'un Univers statique. Bondi, Gold et Hoyle établirent un modèle d'Univers stationnaire, dans leur Théorie de l'État Stationnaire, permettant tout de même l'expansion de celui-ci, comme le montrait la découverte de Hubble. Dans tous ces cas, la création de l'Univers n'était prise en compte comme une réelle possibilité physique. En fait, jusqu'à Hubble et ses observations, il n'y avait pas eu de discussion chez les scientifiques entre un Univers éternel et un Univers ayant un début (i.e. Big Bang)

Il y a plus de deux mille ans, le philosophe grec Héraclite proposa une cosmologie. On trouve la proposition fondamentale de cette cosmologie dans le fragment B30 :

> Cet ordre du monde [kosmos] le même pour tous, aucun des dieux, aucun des hommes ne l'a fait, mais toujours il a été, est et sera, feu toujours vivant, allumé selon la mesure, éteint selon la mesure.

Dans ce passage, il utilise le mot *kosmos*, au sens propre *ordre*, pour signifier quelque chose comme « monde ». Si le monde a toujours été et sera toujours, alors il ne peut disparaître et peut renaître, même si certaines de ses parties son constamment en transformation. Héraclite suggérait que la matière se transformait de feu en eau, en terre, que la transformation était réversible et les quantités de matière conservées. Dans cette vision du monde, les transformations mutuelles de la Nature ne sont pas accidentelles, mais l'essence même de la Nature. Sans ces changements, il n'y aurait pas de monde. Héraclite réconcilie dans sa cosmogonie le besoin d'un Cosmos « qui a toujours été » avec un Cosmos en constante transformation. Après les fondements cosmologiques dus aux Présocratiques, Ératosthène et Aristarque (250 avant J.-C.) établirent les calculs fondamentaux des dimensions de la Terre, la Lune et le Soleil ainsi que les distances entre les planètes voisines. Ils furent les premiers à donner une estimation des dimensions du Cosmos par rapport aux dimensions de la Terre.

Platon pensait que les planètes suivaient des orbites circulaires autour de la Terre. Plus tard, Aristarque proposa un modèle alternatif du système solaire, plaçant le Soleil au centre et la Terre et les autres planètes en orbite circulaire autour de lui, la Lune orbitant autour de la Terre. Ce modèle est connu comme étant la première théorie héliocentrique.

Ptolémée (200 après J. C.), mathématicien et astronome, reprit la théorie géocentrique du système solaire et lui donna un fondement mathématique (le système ptolémaïque).

Il élabora ainsi une théorie cosmologique basée sur la Physique d'Aristote (mouvement circulaire, absence de vide, géocentrisme) et fournit aussi une description précise de l'astronomie planétaire. Ptolémée écrivit une important traité sur la sphère céleste et le mouvement des planètes, l'Almageste. C'est, sans doute, le caractère encyclopédique de l'ouvrage qui fit que l'Almageste fut si utilisé par les générations suivantes d'astronomes et donna autant d'influence aux arguments qu'il contenait.

Toutes ces anciennes cosmogonies considèrent que l'Univers est éternel, toutefois il est dit dans la Bible :

> Au commencement, Dieu créa les cieux et la terre. La terre était informe et vide, il y avait des ténèbres à la surface de l'abîme, et l'esprit de Dieu se mouvait au-dessus des eaux. Dieu dit : Que la lumière soit ! Et la lumière fut. Dieu vit que la lumière était bonne. Et Dieu sépara la lumière d'avec les ténèbres.

La Kabbale, une forme de mysticisme juif ésotérique, est apparue au 12e siècle et a influencé la pensée des scientifiques pour les siècles suivants. Au 16e siècle, Rabbi Isaac Louria passa les dernières années à étudier et réfléchir sur la Kabbale. La Kabbale lourianique propose une théorie de la création du monde et de sa dégénérescence ultérieure, et imagine une voie pour restaurer l'harmonie originale. La théorie est basée sur trois concepts : *tsimtsoum* (« contraction » ou « retrait »), *chevirat hakelim* (« brisure des vases ») et *tikkun*

(« réparation »). Dieu en tant qu'Infini (*En Sof*) se contracte en lui-même pour faire place à la création, qui se produit lorsque de l'Infini émane un rayon de lumière dans l'espace à peine créé.

Donc la controverse moderne entre un Univers éternel et l'Univers du Big Bang fait écho à celles entre ces modèles antiques. De nos jours, la théorie du Big Bang (qui n'est pas sans évoquer la métaphore kabbaliste) est universellement acceptée, mais on peut attribuer aux théories du Multivers le rôle de reprendre le concept d'éternité (Univers mère – Univers embryons) d'un Univers plus vaste qui mènerait à un accord avec la théorie du Big Bang.

Bien qu'il y ait peu d'œuvres de science-fiction focalisées sur un modèle spécifique de l'Univers, il est important de rappeler ici que l'idée d'un Univers en évolution, à l'opposé de la vision de son époque, est apparue dans la littérature de fiction exactement 100 ans avant la théorie de l'Univers stationnaire. C'est Edgar Allan Poe, en février 1848, qui parla d'un Univers en évolution dans son poème en prose *Eurêka* que nous avons déjà cité.

XV

La science-fiction ne fait pas de prédictions

Le développement de la science dans des directions où s'était engagée la littérature de science-fiction, a si fortement impressionné les profanes mais aussi la communauté scientifique, au point qu'on a trouvé naturel de parler des « prédictions » de la science-fiction. Nous ne sommes pas d'accord avec cette idée. La science-fiction n'est pas une théorie qui fait des prédictions destinées à être vérifiées expérimentalement ni une sorte de manifestation ésotérique de l'esprit, qui prédit l'avenir. Ce phénomène d'un développement scientifique ayant apparemment un lien très proche avec les indications trouvées dans les récits de science-fiction est plus compliqué et, à notre avis, fortement lié à la double complexité de l'esprit humain et de la réalité physique. Cette réalité, c'est ce qui existe autour de nous, elle est contenue, encodée, dans les constituants primordiaux de l'Univers depuis sa naissance il y a près de 14 millions d'années. L'Univers est complètement isolé, aucune information ne peut y entrer ou le quitter à quelque moment. Cela implique que tous les constituants de l'Univers, leurs connexions possibles et la logique qui gouverne leur développement, doivent avoir été disponibles à être reconnus et exploités à partir du commencement de l'Univers lui-même.

La complexité du cerveau humain est telle qu'il peut élaborer tout ce qui peut servir de support aux phénomènes cosmiques et l'analyser de manière systématique avec une logique elle-même structurée par la rationalité humaine. Par nos perceptions physiques, notre cerveau absorbe toute la connaissance sous-jacente à la réalité qui nous entoure, mais seule une petite partie se retrouve sous forme rationnelle c'est-à-dire enfermée dans un schéma logique rigide, dicté le plus souvent par le consensus général.

Les lois de la physique, complexes ou pas, sont inscrites dans tous les phénomènes autour de nous, même si nous ne comprenons pas de prime abord comment, ni si nous ne réalisons pas leur pouvoir dominant jusque dans ses aspects les plus subtils. Le cerveau humain a besoin de temps pour intégrer ces informations dans un schéma rationnel et la rationalité est elle-même limitée par de nombreuses contraintes telles que la capacité à construire des structures mentales partant de niveaux élémentaires jusqu'à des niveaux plus complexes ou bien la timidité à dépasser l'environnement culturel et social. Tout le reste qui n'entre pas dans le schéma logique particulier dicté par le consensus général, est accessible à chacun de nous à travers cette forme assez mystérieuse qu'est l'inconscient humain.

L'inconscient collectif contient toutes les idées possibles, des meilleures jusqu'aux plus folles ; la plupart du temps ces idées restent cachées mais assez souvent elles font surface affranchies de toutes formes de rationalité ou bien à peine bridées par une rationalité moins stricte.

Cette manifestation de pensées sans contraintes c'est l'imaginaire

L'activité du cerveau humain conduit à des associations d'idées et de vues qui ne sont pas le résultat d'un schéma rationnel et donc ne font pas partie de la science au sens large, c'est-à-dire les sciences de la nature, la sociologie, la politique, l'économie et autres. Néanmoins elles peuvent créer une histoire avec un début un développement et une fin. La part non scientifique de l'histoire en fixe la nature : mystère, thriller, horreur ; ça sera une œuvre de science-fiction seulement si elle satisfait aux critères que nous avons mentionnés en introduction. La modification particulière de la science dans une histoire donnée devient une nouvelle pensée accessible à tous et en particulier aux scientifiques qui peuvent voir en elle une matérialisation possible compatible avec le schéma logique de la science du moment.

Et donc, la science-fiction ne fait pas de prévisions mais seulement une galerie des nouveaux aspects possibles de la réalité pouvant entrer dans le domaine de la connaissance scientifique.

XVI

Science et consensus général

Les hommes ont sans cesse développé la science en reconnaissant la complexité de la réalité physique et, en conséquence, en créant de nouvelles technologies et des algorithmes de plus en plus élaborés pour la décrire et l'interpréter. La connaissance est un processus de notre cerveau qui crée des modèles adaptés à un ordre rationnel préétabli qui soient cohérents avec les observations. Tant que ces dernières sont pauvres, à cause du manque de technologie, les modèles peuvent être considérés suffisants pour représenter un aspect « vrai » d'une réalité faisant l'objet d'un consensus. Plus large est ce consensus, plus il est difficile d'abandonner les modèles conçus pour représenter la réalité qui dans beaucoup de cas sont considérés comme une manifestation de la divinité. Toutefois le cerveau humain est une machine qui ne s'arrête jamais d'analyser les données et de confronter les observations avec les points de vue de l'époque. Et, le temps venu, le cerveau produit un nouveau modèle avec un nouveau schéma rationnel qui implique souvent une spiritualité nouvelle.

Dans ce processus de compréhension du monde réel, le cerveau humain utilise l'hémisphère gauche, conformiste, mais aussi, dans une plus faible mesure, le droit, celui qui aide à aller au-delà d'une rationalité enracinée et de développer de nouveaux points de vue innovatifs et apparemment bizarres. Les plus fameux de ceux-ci sont à la base de deux théories fondamentales : la Mécanique quantique et la Relativité.

La Mécanique quantique a été développée dans le but de réconcilier les observations et les prédictions théoriques. Avant la théorie de la Mécanique quantique, la description du monde physique était assurée par la mécanique classique développée par Galilée et Newton. Quand la technologie eut rendu possible l'analyse du comportement de la matière au niveau atomique, on se rendit compte que mécanique et théorie de l'électrodynamique classiques ne pouvaient en donner l'exacte description.

L'électrodynamique assurait alors qu'une charge électrique en orbite autour d'une charge de signe opposé, émet une onde électromagnétique qui évacue énergie et moment angulaire de manière continue. Ce qui correspond à l'antique modèle atomique dans lequel un électron orbite autour d'un proton en décrivant une spirale le menant au contact du proton détruisant la structure atomique . Un tel phénomène ne se produisant heureusement pas dans la nature.

On voit donc que les théories classiques de la mécanique et de l'électrodynamique n'étaient que des approximations n'interprétant pas correctement le domaine entier de ces sciences. La Mécanique quantique est une théorie plus générale qui interprète correctement les systèmes microscopiques. Les phénomènes emblématiques que les théories classiques ne pouvaient expliquer, outre la stabilité des structures atomiques, sont :

I) les propriétés ondulatoires de la matière
II) la discrétisation de l'énergie
III) le franchissement des barrières de potentiel (effet tunnel)

Dans le premier cas, la description classique d'une onde se propageant avec une fréquence donnée est régie par le principe de Fermat qui établit les conditions de temps minimum pour couvrir une distance donnée. Le tracé satisfaisant à ces conditions est appelé « chemin optique ».

On appelle « vitesse » de l'onde, ou mieux, de chaque point du front d'onde, respectivement à un observateur défini, le ratio entre chaque élément de son chemin optique et le temps physique mis pour le parcourir relevé par l'observateur. Mathématiquement, le principe de Fermat s'établit en rendant limite la fonction dite « Action », qui est le ratio entre chaque élément (infinitésimal) du chemin optique et la vitesse.

Si l'onde n'a qu'une fréquence (i.e. elle est monochromatique), alors la vitesse de chaque point de son front d'onde est égale au produit de la longueur d'onde par la fréquence.

Une particule de masse donnée a une énergie totale, qui reste constante durant le déplacement le long de sa trajectoire naturelle, son chemin physique. Ce dernier est caractérisé comme étant la limite d'une fonction Action associée. Dans le cas d'une particule massive, on choisit comme fonction Action le produit du moment de la particule et d'un élément du chemin physique. Si on décide que le moment est proportionnel à l'inverse de la longueur d'onde avec une valeur constante, identifiée comme étant l'énergie totale divisée par la fréquence de l'onde, elle-même constante, alors Action peut être écrit plus facilement comme étant le ratio entre l'énergie totale de la particule et la longueur d'onde. Après avoir rendu cette fonction limite, procédure qui identifie le chemin physique de la particule parmi tous les chemins possibles, nous obtenons une description de la particule similaire à celle d'une onde. Il est essentiel dans cette procédure que l'énergie de la particule soit proportionnelle à la fréquence de l'onde.

À ce stade, nous devons spécialiser l'équivalence formelle entre ondes et particules pour que leur description soit physiquement équivalente. Pour ce faire, nous devons décrire une particule unique comme une onde. Tandis qu'une particule ayant une masse donnée est localisée et traitée comme un point, une onde a une amplitude et n'est pas localisée, il faut donc introduire le concept de « paquet d'onde » pour établir une équivalence correcte entre les particules et les ondes. Celui-ci est une onde localisée dont l'amplitude est partout proche de zéro excepté dans une petite portion de l'espace. Le paquet d'onde est le résultat d'une interférence constructive de plusieurs ondes planes monochromatiques ayant la même phase et des fréquences différant très peu d'une fréquence principale. Un paquet d'onde évolue dans l'espace sans dispersion de ses constituants et sa vitesse est celle des points qui sont en concordance de phase avec les ondes du paquet. On appelle cette vitesse, la « vitesse de groupe ».

En résumé, il est possible de décrire le comportement d'une particule de la même manière que si c'était un paquet d'onde à condition que le moment spatial de la particule soit proportionnel à l'inverse de la longueur d'onde du paquet d'onde, à savoir cette dernière multipliée par une constante, et que l'énergie totale de la particule soit le produit de cette constante par la fréquence.

La fréquence d'un paquet d'onde peut être choisie de telle façon que son mouvement fournisse la représentation cinématique du mouvement d'une particule isolée.

Toutes ces considérations sont cohérentes vis-à-vis de la mécanique classique sans avoir besoin d'une extension quantique. Toutefois, la seule différence entre une particule et un paquet d'onde, à savoir que la première est comme un point et que l'autre à une dimension finie, apparut bientôt un obstacle à une compréhension correcte du monde physique.

En 1901 Planck établit une loi relative au spectre du corps noir, à savoir la relation entre l'intensité de la radiation émise par un corps noir en fonction de la fréquence. Un corps noir est un corps qui absorbe toutes les radiations électromagnétiques indépendamment de la fréquence ou de l'angle d'incidence, ce qu'on appelle isotropiquement. Quand il est en équilibre thermique, à température constante, la radiation qu'il émet a un spectre qui n'est déterminé que par la température, on l'appelle spectre du corps noir.

Il n'est pas possible d'expliquer les observations du spectre du corps noir selon la description classique de l'électromagnétisme. Malgré le fait que la théorie classique de la Physique demande, comme hypothèses de base, que toutes les quantités dynamiques, y compris l'énergie, soient continues, Planck introduisit l'idée nouvelle que l'énergie d'un oscillateur en équilibre avec le champ de radiation ne peut avoir que des valeurs discrètes, égales au produit de la fréquence par une constante. Cette constante, déjà introduite dans la description formelle d'une particule, est appelée constante de Planck. Sa valeur est de $h = 6{,}625 \times 10^{-27}$ erg. sec.

Ce postulat, qui brise un consensus et donne un nouveau point de vue est un exemple emblématique d'une idée nouvelle qui introduit une logique nouvelle dans l'interprétation du monde physique.

En 1905 Albert Einstein donna l'explication correcte de l'effet photoélectrique en introduisant le concept de « photon ». L'effet photoélectrique consiste dans la production d'un courant électrique, à savoir un flux d'électrons, entre deux électrodes pouvant être solides, liquides ou même gazeuses, séparées l'une de l'autre et contenues sous vide dans un tube, dès qu'une des deux électrodes est éclairée par un faisceau lumineux et que la fréquence de l'onde incidente (ici onde lumineuse) atteint une valeur qui agit comme un seuil. Alors que Planck supposait que seule l'énergie d'un oscillateur en équilibre avec le champ de radiation pouvait prendre des valeurs discrètes égales au produit de sa constante par la fréquence de l'oscillation, Einstein fait l'hypothèse que le champ de radiation peut lui aussi avoir une énergie ayant aussi des valeurs discrètes. D'après la théorie ondulatoire classique, l'énergie d'une onde lumineuse est uniformément distribuée sur le front d'onde. En conséquence, il ne peut donc y avoir de seuil de fréquence. De plus, l'énergie de l'électron et le temps d'émission seraient dépendants de l'intensité de la lumière mais les expériences montraient le contraire. L'effet photoélectrique introduit le concept de « quantum unidirectionnel », un quantum de radiation énergétique se propageant dans une seule direction sans perte d'énergie, qu'on appellera photon. L'introduction du quantum d'énergie fut l'annonce de la naissance de la Mécanique quantique, une théorie visant à interpréter correctement le domaine des particules élémentaires, le monde microscopique au niveau atomique et subatomique, mais qui s'intègre aisément dans la mécanique classique faite pour décrire le monde macroscopique.

Cette théorie, toutefois, montra elle aussi qu'elle ne pouvait décrire complètement le monde physique, étant basée sur les concepts d'espace et de temps absolus qui donnaient lieu à des contradictions avec les observations. Le concept d'espace relatif était déjà présent dans la pensée de Galilée, mais il fallut attendre 1905 pour voir Einstein introduire le concept de la relativité du temps, à la base de sa théorie de la Relativité restreinte. La mécanique classique, profondément enracinée dans un consensus général depuis des années, se transforma en Mécanique classique relativiste qui clarifiait de nombreux phénomènes jusque-là inexpliqués. En 1915 Einstein compléta la formulation relativiste de la mécanique classique. Et de fait la mécanique quantique fut reformulée en Mécanique Relativiste Quantique qui est actuellement l'outil le plus puissant pour interpréter la réalité physique.

L'introduction du concept de temps relatif, c'est-à-dire d'une mesure du temps dépendant de l'observateur qui mesure et des conditions locales d'observation, était considérée une absurdité et rejetée comme une sorte d'hérésie, tout juste capable de générer des histoires fantastiques. Cette idée apparemment absurde apparut, très vraisemblablement dans l'hémisphère droit du cerveau d'Einstein[27], cette partie insensible aux contraintes rationnelles imposées par le consensus général.

Le concept d'un Univers homogène et isotrope nous donne un bon exemple d'un consensus général devant suivre des observations dont l'évidence fait porter l'attention sur un point de vue complètement différent. En fait, avant les récentes avancées technologiques dans les observations astronomiques, l'Univers apparaissait homogène (identique en chaque point) et isotrope (identique dans toutes les directions) à chaque instant de temps, même si ce schéma dépendait du temps. C'était une évidence tellement ancrée dans la croyance commune que des solutions particulières des équations d'Einstein furent trouvées qui correspondaient à ces préalables, c'est ce qu'on appelle le « Principe cosmologique »

Ces solutions, appelées solutions de Friedman, Robertson et Walker du nom de ceux qui les trouvèrent, furent si réussies qu'elles sont connues comme décrivant le « modèle cosmologique standard ». Mais le consensus général sur ce modèle standard pourrait être remis en question, car des observations récentes tendraient à prouver que l'Univers n'est pas aussi homogène et isotropique que nous le pensions. Et donc il n'est pas certain que le problème de l'interprétation de l'Univers puisse être résolu. Il faudra donc un point de vue complètement nouveau avec une approche radicalement différente pour que se réalise un nouveau consensus.

Et les mots de Kuhn apparaissent encore plus révélateurs :

---

27 L'autopsie du cerveau d'Einstein montra une hyper-connexion entre les deux hémisphères.

Les révolutions politiques commencent par le sentiment croissant, parfois restreint à une fraction de la communauté politique, que les institutions existantes ont cessé de répondre de manière adéquate aux problèmes posés par un environnement qu'elles ont contribué à créer. De semblable manière, les révolutions scientifiques commencent avec le sentiment croissant, souvent restreint à une petite fraction de la communauté scientifique qu'un paradigme a cessé de fonctionner de manière satisfaisante pour l'exploration d'un aspect de la nature pour lequel ce même paradigme a antérieurement dirigé les recherches.[28]

[28] Thomas S. Kuhn *La structure des révolutions scientifiques*, p. 133, Champs-Flammarion, Paris, 2008

XVII

Mèmes et développement de la science

C'est Dawkins qui a développé le concept de mème, qui est l'équivalent de gène en ce qui concerne la culture. Un mème est l'unité d'héritage culturel transmise après duplication, qui passe d'un esprit à un autre. Selon Dawkins, les mèmes sont sujets aux lois de Darwin, comme le sont les gènes. Comme pour ceux-ci, en fait, la sélection favorise les mèmes capables d'exploiter l'environnement culturel à leur avantage. Cet environnement culturel est constitué d'autres mèmes qui sont sélectionnés comme proches et le peuplent comme dans une communauté. Une telle population de mèmes possède, de par ses affinités, une stabilité qui rend difficiles l'intrusion de nouveaux mèmes.

Dawkins dit :

> Le mème est l'unité de bas de la transmission et de l'imitation culturelles. Quelques exemples de mèmes : mélodies, expressions (clichés), modes vestimentaires, façons de faire […] Comme les gènes, qui se propagent dans la communauté génétique d'un corps à un autre à travers le sperme, les mèmes se propagent en sautant d'un esprit à l'autre par un processus d'imitation […]. Lorsqu'un mème a sauté dans un esprit fertile, il se comporte comme un parasite vis-à-vis du cerveau. Le cerveau devient un véhicule pour la propagation du mème

de la même manière qu'un virus devient un parasite pour les gènes de la cellule qui l'héberge.[29]

Ici aussi on peut assimiler un mème qui se propage à une *pensée sans penseur* qui saute de partout. Si on considérait seulement le darwinisme génétique, notre évolution ne serait dictée qu'au niveau génétique. Avec les mèmes, un système d'idées peut évoluer de façon autonome sans changement biologique. L'interaction et la propagation des mèmes sont aussi darwiniennes. Les mèmes se répliquent par imitation et pour qu'ils survivent ils ont besoin de posséder d'importantes qualités qui sont, comme pour les gènes, la longévité, la fécondité, et la fidélité de reproduction (copie).

Comme exemple de fécondité d'un mème nous pouvons penser à un résultat scientifique, c'est alors le nombre de fois où il est cité dans la littérature scientifique.[30]

Selon Dawkins, à notre mort nous laissons des gènes et des mèmes. Beaucoup de nos gènes seront oubliés après trois générations, mais si nous contribuons à la culture mondiale, si nous avons une bonne idée, ou si nous composons une chanson, ces choses-là peuvent vivre plus longtemps, même après que nos gènes aient disparu.[31]

Un pur darwinisme serait trop pour les mèmes. Et c'est l'idée de Steven Pinker[32]. Il pense qu'il y a une grande différence entre la sélection des gènes dans un corps et la sélection des mèmes dans un esprit ou une culture. Pour un corps, la sélection des variations sans

---

[29] Dawkins, (2003).

[30] Le développement d'internet a mené à la définition de l'*internet meme*. Ce sont de mèmes qui se répandent à travers internet avec une dynamique spécifique qui commence à faire l'objet d'études. Voir L. Shifman (2014) *Memes in digital culture*. MIT Press, Cambridge, MA

[31] Dawkins, ibid.

[32] S. Pinker dans Brockman (1995) *The third culture*, Touchstone, New York, p. 196.

aucune direction est la seule explication menant à un modèle biologique complexe, tandis que pour les mèmes ou les idées, les mutations ou les variations sont toujours orientées. Un mème comme l'idée de la Relativité générale n'est pas le résultat de la sélection de millions de mutations casuelles n'étant pas orientées par une idée de départ. Mais ici, voilà que nous revenons à Poincaré et à sa vision de l'invention scientifique :

> Inventer, c'est choisir ; mais le mot n'est peut-être pas tout à fait juste, il fait penser à un acheteur à qui on présente un grand nombre d'échantillons et qui les examine l'un après l'autre de façon à faire son choix. Ce n'est pas ainsi que les choses se passent. Les combinaisons stériles ne se présenteront même pas à l'esprit de l'inventeur. Dans le champ de sa conscience n'apparaîtront jamais que les combinaisons réellement utiles et quelques autres qu'il rejettera, mais qui participent un peu des caractères des combinaisons utiles. Dans cette manière de voir, toutes les combinaisons se formeraient par suite de l'automatisme du moi subliminal, mais seules celles qui seraient intéressantes pénétreraient dans le champ de la conscience. Et cela est encore très mystérieux. Quelle est la cause qui fait que parmi les mille produits de notre activité inconsciente, il y en qui sont appelés à franchir le seuil tandis que d'autres restent en deçà ?
>
> Est-ce un simple hasard qui leur donne ce privilège ? Évidemment non ; parmi toutes les excitations de nos sens, les plus intenses, seules retiendront notre attention, à moins que cette attention [...] Plus généralement, les phénomènes inconscients privilégiés, ceux qui sont susceptibles de devenir conscients, ce sont ceux qui, directement ou indirectement, affectent le plus profondément notre sensibilité.

Et donc le choix entre des mèmes différents est conduit par la beauté ; parmi les mèmes, ceux qui auront le plus de succès seront ceux qui touchent notre sensibilité et notre goût mais qui apparaissent cohérents avec la structure préétablie de notre cerveau. Une idée scientifique, mais aussi politique, économique ou de tout autre nature, s'enracine et se développe plus facilement dans le cerveau humain si elle est en ligne avec la logique qui sous tend notre culture et notre vision du monde.

Une fois installée dans la pensée humaine, un mème scientifique peut aussi bien se retrouver dans un récit fantastique au cœur d'une œuvre de science-fiction ou dans la formulation d'une nouvelle théorie scientifique. Ceci peut expliquer pourquoi si souvent les « suggestions » faites dans les ouvrages de science-fiction sont développées sous une forme très similaire en tant que véritables découvertes scientifiques.

Et donc un seul mème, peut servir à la science-fiction ou au développement de la vraie science, même si ces « contributions » se sont manifestées dans des espaces et à un moment différents.

XVIII

Synchronicité et paradigme du Multivers

Il existe un phénomène surprenant qui concerne l'activité du cerveau humain, c'est l'existence de coïncidences non accidentelles entre états mentaux et événements du monde extérieur. On appelle ces coïncidences des *effets de synchronicité.* Le concept de synchronicité fut introduit par le psychanalyste Carl Joseph Jung et fut étudié plus tard en collaboration avec le physicien Wolfgang Pauli[33]. Jung définit ce phénomène comme un *parallélisme acausal.* Il n'y a, en fait, aucun lien causal entre les deux événements en corrélation dans la synchronicité.

On distingue deux types différents dans le phénomène. Le premier consiste en une coïncidence entre les esprits de deux personnes, suggérant une sorte de communication psychique. Le deuxième type de synchronicité se manifeste de lui-même lorsque la coïncidence se produit entre un état mental et un état physique. On est proche du schéma conceptuel de Jung, dans lequel ces événements sont appelés *coïncidences sans signification.* Les synchronicités entre l'esprit et les systèmes physiques extérieurs sont difficiles à expliquer. Selon Jung, elles sont ce qui reste d'une réalité holistique, l' « unus mundus », duquel toutes les choses dérivent (voir le *tout universel* dans la citation de Jung page 50). L' « unus mundus » est à la base de l'esprit et des systèmes extérieurs. Comme il n'y a pas, dans un effet

[33] Voir B. Zabriskie, *Jung and Pauli* (1995), Journal of analytical Psychology, 40, 4, p.531.

de synchronicité, de lien causal, ces effets sont un phénomène global dans le temps et l'espace et ne peuvent dès lors être expliqués par la physique classique. On peut donc y voir une analogie avec l'intrication quantique. Pour expliquer ces phénomènes, certains auteurs traitent les états mentaux comme des états quantiques, précisément comme des vecteurs d'un espace de Hilbert. Les deux propriétés fondamentales de la mécanique quantique sont : le principe de superposition (superposition des états vectoriels) et l'intrication quantique. Un système de deux particules, est dit intriqué lorsque sa fonction d'onde n'est pas séparable, i.e. ne peut être factorisée en un produit des fonctions d'onde de chaque particule. Le système quantique est un système global au sens que sa propriété d'intrication est valable quelle que soit l'échelle considérée et pas seulement dans un voisinage assez restreint. Et donc si nous mesurons une certaine propriété d'une des deux particules, on peut prédire la propriété correspondante de l'autre particule, même à l'autre extrémité de l'Univers.

L'idée de connecter la conscience et la mécanique quantique fut émise par Roger Penrose à la fin du siècle dernier (1991, 1994). Il avait remarqué que les gens arrivaient à résoudre des problèmes alors que les ordinateurs classiques en étaient incapables, ceux-ci ne possédant pas les algorithmes nécessaires à la résolution.

Les processus utilisés dans ce cas pour la résolution sont appelés « activités non computationnelles ». Il faut bien comprendre que « non computationnel » ne veut pas dire « aléatoire » ou « incompréhensible ». Il existe même des arguments mathématiques qui sont très clairs sans être computationnels. Penrose pense que la non calculabilité est une caractéristique de notre pensée consciente.

Les phénomènes quantiques (et le calcul quantique) sont donc essentiels pour pouvoir expliquer l'activité du cerveau et donc également la conscience. L'idée de Penrose sur l'origine du processus de la conscience dans le cerveau vient de son hypothèse qu'il se produit une *réduction objective* des états quantiques dans les microtubules des dendrites du cerveau.

Les physiciens théoriques ont des points de vue différents sur l'image du monde selon la théorie quantique. Certains vont même jusqu'à une opinion radicale disant que la réalité externe n'existe pas, mais que la réalité est toujours la conséquence (le résultat) de prises de mesures. Pour sa part, Penrose attribue une réalité objective aux états quantiques. Il y a une équation spécifique, dite équation de Schrödinger, qui fournit une évolution temporelle déterministe pour une fonction d'onde décrivant les états quantiques. Le problème survient lorsqu'on cherche à mesurer, car la mesure ne nous donne qu'une seule probabilité que l'état singulier saute à l'un ou l'autre des états possibles de la fonction d'onde. Une particule n'a donc pas une description réelle individuelle mais une superposition de ses états possibles. L'effondrement, dit aussi « réduction », de la fonction d'onde est le phénomène au cours duquel une fonction d'onde — initialement dans une superposition de nombreux états — se trouve réduite à un seul de ces états suite à une interaction avec un appareil de mesure. Cette réduction est indiquée avec un « R » par Penrose.

À la différence de cette réduction aléatoire, qui selon la théorie quantique standard est causée par l'observation ou l'intrication environnementale et donc, de plus, subjective, la réduction objective (dite OR) proposée par Penrose dans les microtubules du cerveau[34] est un auto effondrement de la fonction d'onde dû à l'effet de la gravité. C'est donc une réduction objective qui ne dépend pas d'une prise de mesure subjective. Elle résulte de

[34] Les microtubules du cerveau sont de longs petits tubes, de diamètre de quelques nanomètres. Ils relient les neurones et semblent être responsables du contrôle des connexions entre les neurones.

schémas particuliers des états des microtubules qui régulent les activités neuronales.

Cette réduction est due à des mouvements quantiques superposés de masse à l'intérieur des microtubules, qui isolent ces processus de l'environnement. On suppose donc une auto régulation des processus OR dans les microtubules, appelée *réduction objective orchestrée.* Penrose (avec Hameroff[35], un chercheur de l'University Medical Center de Tucson) suppose qu'il existe à l'intérieur des microtubules une sorte d'activité quantique cohérente à grande échelle (à effets non localisés), comme dans un supraconducteur.

La conscience est un phénomène global, il est donc possible qu'elle soit liée avec des oscillations cohérentes (Penrose les appelle *orchestrées*) à grande échelle à l'intérieur des tubules. S'il en est ainsi la conscience ne génère pas seulement des activités calculatoires classiques mais aussi des comportements similaires à ceux d'un ordinateur quantique. Penrose remarque que de très grands déplacements massifs se produisent dans l'Univers dans des situations relevant de la mécanique quantique : dans les étoiles à neutrons, par exemple. Il suggère donc qu'il est possible que des créatures dotées de sensations puissent évoluer et utiliser les mêmes processus OR orchestrés quelque part dans l'univers, à la surface des étoiles à neutrons peut-être. Il note lui-même que cette idée a été développée avec beaucoup de détails par Robert Forward dans deux récits de science-fiction : *L'œuf du dragon* (1980) et sa suite *Starquake* (1989). L'œuf du dragon est en fait une étoile à neutrons dont la gravité à la surface est 67 milliards de fois celle de la Terre, elle est habitée par les *cheelas*, des créatures intelligentes possédant des processus

---

[35] Penrose, R. & Hameroff S. (2011) *Consciousness in the Universe : Neuroscience, Quantum Space-TimeGeometry and Orch OR Theory* in Quantum Physics of Consciousness, Cosmology Science Publishers, Cambridge, MA.

métaboliques et des fonctions du type OR, qui vivent un million de fois plus vite que les humains.

L'origine lointaine de ce concept de conscience est liée à celui de réalité dans la mécanique quantique, appelée réalité quantique. La réalité quantique est introduite dans l'interprétation que fait Everett de la mécanique quantique (Everett III, 1957), connue aussi comme *interprétation des mondes multiples.* Selon cette approche, si la réalité de notre monde est quantique, les conclusions basées sur les concepts classiques de réalité ne sont plus valables.

Everett part d'une question très profonde : comment savons nous que nous n'avons qu'un seul résultat lors d'une expérience quantique ? Qu'arrive-t-il si nous suivons ce que suggèrent les mathématiques et considérons une image de la réalité dans la quelle de nombreuses choses se produisent en même temps — ce qui est permis par la théorie quantique ? Si nous allons jusqu'au bout des conséquences logiques et acceptons la même vision pour la cosmologie, alors tous les scénarios possibles de l'évolution de l'Univers se réalisent. Ce modèle mental de la réalité est imaginé par Jorge Luis Borges dans sa nouvelle *Le jardin aux sentiers qui bifurquent* où l'auteur envisage un monde dans lequel toutes les possibilités ont lieu. Chaque fois qu'on rencontre une bifurcation sur le sentier, le monde ne suit pas une seule des routes mais les deux à la fois. Le livre fut publié en 1941 et Hugh Everett présenta son interprétation des mondes multiples plusieurs années plus tard. Nous avons là un exemple lumineux de quand la science-fiction devance la science.[1]

---

[1] Nous nous devons de rappeler ici la personnalité de Sofia Kolevskaïa, mathématicienne et romancière. La pièce de théatre : *The struggle for happiness, two parallel dramas* qu'elle écrivit avec Anna Charlotte Lefler-Edgren montre l'évolution de deux personnages, analysée sous deux angles différents : ce qui s'est passé et ce qui aurait pu se passer. Comme dans le roman de Borges, les auteures

En 1997 avec son livre *L'étoffe de la réalité*, le physicien David Deutsch proposa une théorie de calcul quantique reprenant la théorie des mondes multiples de la mécanique quantique. D'après lui, l'Univers qui nous entoure n'est qu'un des composants de la superposition d'états qui composent l'état quantique de l'Univers. L'ensemble de tous les divers mondes possibles constitue un *multivers.*

La mécanique quantique, selon l'interprétation d'Everett, implique la coexistence de mondes parallèles. M.B. Menskii[1] fit la proposition que la conscience ait la capacité de percevoir séparément ces mondes parallèles, alors que l'état d'inconscience rend toutes ces réalités parallèles accessibles sans séparation. On connaît les pouvoirs étranges de la conscience qui apparaissent lors d'états proches de l'inconscience (sommeil, transe …). Beaucoup de films de science-fiction parlent de ces pouvoirs, un des plus célèbres étant *Dead Zone* (1983) de David Cronenberg. Le héros du film se réveille après un coma qui a duré cinq ans et découvre alors qu'il a acquis le pouvoir de connaître le futur de quelqu'un en touchant sa main. Après avoir vu plusieurs exemples, son médecin est convaincu qu'il ne fait pas que prédire le futur, mais qu'il peut aussi le changer.

Il est important de mentionner le travail original du psychanalyste Ignazio Matte Blanco. Dans son livre *The unconscious as infinite sets*, il propose de considérer une double

---

suggèrent une sorte de bifurcation du destin. Une bifurcation dans l'évolution d'un système, quelle que soit sa nature est toujours une source d'indétermination. Le phénomène est particulièrement bien connu en mathématiques. Et, de fait, les travaux mathématiques de Kovalevskaïa portaient sur les équations différentielles et la bifurcation de leurs intégrales. Il est établi qu'aux points de bifurcation, le futur du phénomène décrit par l'équation différentielle n'est pas prévisible. On a là un cas remarquable d'interaction entre la science et la fiction.

[1] Menskii, M.B. Physics-Uspekhi 48, 389 (2005), Menskii, M.B. Phys. Uspekhi, 50, 397 (2007), Mensky M. Neuroquantology, 5, 363 (2007).

réalité de l'esprit humain : une dimension consciente qui est rationnelle et logique et une inconsciente qui est atemporelle et symétrique (i.e. qui n'est pas régie par le principe aristotélicien de non-contradiction). Il émet donc l'idée d'une structure bi-logique de l'esprit, où il existe une relation dialectique entre conscient et inconscient. Selon Matte Blanco, l'inconscient possède un nombre de dimensions plus important que le monde perçu par notre conscience.

On reconnaît cette propriété de notre inconscient lorsqu'on se souvient de certains de nos rêves dans lesquels nous jouons plusieurs rôles en même temps ou bien nous vivons à plusieurs endroits en même temps. C'est pour notre inconscient une façon d'éviter les limites de notre espace habituel et de ses trois dimensions. Matte Blanco nous propose l'exemple du développement d'un solide sur un plan (de 3D à 2D) : on s'aperçoit que lors de ce développement certaines arêtes sont obligatoirement répétées sur le plan. Donc, en diminuant nombre de dimensions, nous sommes forcés de répéter certains éléments. Cet exemple nous montre que, lorsque nous essayons d'interpréter nos rêves avec une conscience logique, nous sommes obligés d'introduire des éléments multiples (plusieurs egos ou endroits) dans notre récit.

Cette réalité multidimensionnelle du monde de notre inconscient nous rappelle les nombreux états vectoriels possibles de l'interprétation des mondes multiples faite par Everett et Deutsch. C'est comme si notre conscience choisissait un des états possibles, mais que tous les autres éléments de la fonction d'onde, bien qu'ignorés, soient toujours disponibles dans le monde de l'inconscient.

XIX

Épilogue

La science-fiction attire l'attention de la communauté scientifique, mais aussi des profanes, sur une grande variété d'objets, de machines et de situations excitantes qui sont le fruit d'une science improbable. Néanmoins, chaque récit de science-fiction crée des mèmes qui restent disponibles dans l'esprit de chacun comme des contributions potentielles au développement de la vraie science. Des morceaux du message de la fiction peuvent émerger dans la réalité dans un futur que nul ne peut prévoir. Après ce qui a été dit, il est clair que la science-fiction pêche généreusement dans l'inconscient où les mèmes sont élaborés jusqu'à une forme de cohérence logique avant d'apparaître dans une séquence d'événements ordonnés, déjà loin de la réalité. Puisque les œuvres produites par la science-fiction ne sont pas limitées par les contraintes de la rationalité, les écrivains sont fondés dans leurs excès d'étrangeté et de non orthodoxie lors de la création de leurs récits fabuleux.

Bien qu'on pense généralement que les idées utiles au développement de la science vont de l'imaginaire vers le réel, dans certains cas le processus est inversé. Actuellement, en fait, la science réelle va plus vite que l'imagination, offrant à l'attention générale des situations et des réalisations n'ayant jamais été conçues auparavant. On peut donc assister à un passage de la science à la science-fiction, cette dernière n'ayant aucune difficulté à produire des récits exploitant les produits inattendus de la science.

Nous avons un exemple emblématique de transition inversée de la science vers la science-fiction avec *Interstellar*, film récent mis en scène par Christopher Nolan avec une supervision scientifique de Kip Thorne. Ce dernier est un physicien théoricien dont les travaux ont apporté une contribution fondamentale au développement de la Relativité Générale et de la physique de la gravité et lui ont valu le prix Nobel de Physique en 2017. Les concepts de trou noir, trou de ver (wormhole), machine à voyager dans le temps, ondes gravitationnelles, pulsars, quasars, étoiles à neutrons, pour donner quelques exemples, sont de nos jours bien acceptés par la communauté scientifique mais aussi assez connus du grand public pour qu'on puisse les utiliser dans le langage courant. Le trou noir, produit d'un effondrement gravitationnel est le genre d'événement prévu par la Relativité Générale qui permet naturellement d'imaginer des situations où un voyageur de l'espace s'approche d'un trou noir et dans le pire des cas y tombe, disparaissant alors du monde « normal ». Un grand nombre de scénarios peuvent être imaginés (ou l'ont été) en se basant sur le concept de trou noir. De la même façon, le concept de trou de ver, soit un tunnel dans la géométrie de fond qui relie des régions distinctes de l'espace-temps permettant à un voyageur spatial de se déplacer à une vitesse apparemment plus, ou même beaucoup plus, rapide que la lumière selon un point de référence convenablement choisi, permet de concevoir un grand nombre d'aventures.

La science-fiction doit être considérée comme un complément essentiel de la connaissance scientifique, une sorte de sœur délaissée qui aménage les pièces du sous-sol du château pour permettre aux tours de la vraie science de s'élever vers le ciel dans leur pleine gloire. Récemment, de plus en plus souvent, la vraie science concède de maigres nouveautés à sa sœur soumise et vorace, anxieuse de nourrir son imagination illimitée.

C'est une idée fascinante, de penser que la transition de science-fiction à science — et aussi l'inverse — ait lieu grâce à un échange de mèmes qui remplissent l'environnement culturel. Ceux-ci sont créés sous la forme d'images, d'idées, de conjectures, d'affirmations et de tout ce qui transporte l'information et tourne autour, avec une probabilité réelle d'être recueillies par un penseur, prêtes à contribuer à la vraie science. Le passage d'un mème à un autre cerveau peut se produire n'importe quand et n'importe où, en général bien loin de sa première apparition ce qui mène à une correspondance surprenante entre science et science-fiction sur un sujet apparemment similaire.

Ce que nous rappelions dans notre introduction au sujet de la coopération entre les deux parties symétriques de notre cerveau, les hémisphères, nous incite à préconiser le dialogue que nous envisageons entre la science-fiction et la science. Une telle collaboration peut produire une intégration fructueuse entre nos émotions et notre pensée rationnelle, entre *systemizing* et *empathizing*, et plus généralement entre deux cultures : scientifique et humaniste.[1]

Nous l'avons déjà dit, la science-fiction et la science peuvent être considérées comme deux sœurs passant leur temps à se chamailler. La première se plaint qu'elle intéresse beaucoup plus de gens que la science et qu'elle devrait donc recevoir plus de respect et de considération. Tandis que la science déclare que, même si elle ne touche qu'un nombre restreint de gens, les scientifiques, qui ne peuvent qu'apprécier chacun qu'une partie de ce qu'elle produit, sa vitalité aide l'humanité entière a se développer plus harmonieusement. Cette assertion est remise en cause par la science-fiction qui rappelle les nombreux mauvais usages des produits de la science qui causent famine,

---

1 Voir C.P. Snow (2001) [1959], *The Two Cultures*. London : Cambridge University Press.

désespoir et mort alors que nous devrions être arrivés à la paix et la prospérité. La science répond avec fierté que ses contributions ont libéré l'humanité de maladies mortelles et assurent aux humains une vie plus longue que nos ancêtres, mais qu'elle ne peut empêcher les dérives dues à des esprits pervers.

La querelle entre les deux continue sans cesse, sans espoir de réconciliation.

Index des noms

Des mêmes auteurs :

Anna Curir – *Observing the stars, 250 years of astronomy in Turin. The history and the instruments of the astronomical observatory in Turin* – Silvana editoriale (2009)

Anna Curir – *Les processus psychologiques de la découverte scientifique, l'harmonieuse compléxité du monde* – Harmattan (2014)

Anna Curir – *L'émergence de la troisième culture et la mutation létale* – Harmattan (2018)

Anna Curir, Fernando de Felice –*From Science Fiction to Science* – CLEUP (2015)

Anna Curir, Fernando de Felice – *Metaphors in Science* - CLEUP (2018)

Fernando de Felice – *L'Intreccio spazio-temporale* – Bollati Boringhieri (2006)

Fernando de Felice – *La macchia di gesso* – Edizioni Progetto (2019)

Table des matières

Structures éditoriales du groupe L'Harmattan

L'Harmattan Italie
Via degli Artisti, 15
10124 Torino
harmattan.italia@gmail.com

L'Harmattan Hongrie
Kossuth l. u. 14-16.
1053 Budapest
harmattan@harmattan.hu

L'Harmattan Sénégal
10 VDN en face Mermoz
BP 45034 Dakar-Fann
senharmattan@gmail.com

L'Harmattan Cameroun
TSINGA/FECAFOOT
BP 11486 Yaoundé
inkoukam@gmail.com

L'Harmattan Burkina Faso
Achille Somé – tengnule@hotmail.fr

L'Harmattan Guinée
Almamya, rue KA 028 OKB Agency
BP 3470 Conakry
harmattanguinee@yahoo.fr

L'Harmattan RDC
185, avenue Nyangwe
Commune de Lingwala – Kinshasa
matangilamusadila@yahoo.fr

L'Harmattan Congo
67, boulevard Denis-Sassou-N'Guesso
BP 2874 Brazzaville
harmattan.congo@yahoo.fr

L'Harmattan Mali
Sirakoro-Meguetana V31
Bamako
syllaka@yahoo.fr

L'Harmattan Togo
Djidjole – Lomé
Maison Amela
face EPP BATOME
ddamela@aol.com

L'Harmattan Côte d'Ivoire
Résidence Karl – Cité des Arts
Abidjan-Cocody
03 BP 1588 Abidjan
espace_harmattan.ci@hotmail.fr

L'Harmattan Algérie
22, rue Moulay-Mohamed
31000 Oran
info2@harmattan-algerie.com

L'Harmattan Maroc
5, rue Ferrane-Kouicha, Talaâ-Elkbira
Chrableyine, Fès-Médine
30000 Fès
harmattan.maroc@gmail.com

Nos librairies en France

Librairie internationale
16, rue des Écoles – 75005 Paris
librairie.internationale@harmattan.fr
01 40 46 79 11
www.librairieharmattan.com

Lib. sciences humaines & histoire
21, rue des Écoles – 75005 Paris
librairie.sh@harmattan.fr
01 46 34 13 71
www.librairieharmattansh.com

Librairie l'Espace Harmattan
21 bis, rue des Écoles – 75005 Paris
librairie.espace@harmattan.fr
01 43 29 49 42

Lib. Méditerranée & Moyen-Orient
7, rue des Carmes – 75005 Paris
librairie.mediterranee@harmattan.fr
01 43 29 71 15

Librairie Le Lucernaire
53, rue Notre-Dame-des-Champs – 75006 Paris
librairie@lucernaire.fr
01 42 22 67 13

www.ingramcontent.com/pod-product-compliance
Lightning Source LLC
LaVergne TN
LVHW021235061026
849535LV00008B/3060
9782343200637